JN236027

翼のはなし

前 田　　弘 著

2000

東　　京
株式会社
養賢堂発行

はじめに

　昔から人間は大空を飛行することに大きな憧れを抱いていた．子供のときに，紙飛行機や凧あげで遊んだ経験のない男子は少ないと思われるし，最近は手づくりの人力飛行機のコンテストがテレビで放映されて人気を博しているのもそのせいであろう．

　飛行機は翼の力で空中に浮かぶことができる．しかし，なぜ翼に気流が当たるとそのような大きな力が生じるのか，その理屈は案外難しい問題である．

　翼というのは不思議な形の物体である．普通の物体は，空気や水のような流体の流れの中に置かれると，流れの方向の力（抗力）は生じるが，流れに垂直な方向の力（揚力）はゼロまたはわずかしか生じない．したがって，飛行船のように浮力を利用する場合を除けば，一般には竜巻のように，下から上向きの流れが生じない限り，重力に抗して物体が空中に舞い上がることはない．

　しかし太古以来，鳥類はそのような流れのない静穏な空気中でも飛ぶことができることを実証してきた．例えば，鳶や鷹のような大型の鳥が大きな翼を拡げて高空をゆうゆうと飛翔する姿は，人類に空を飛ぶ夢を与えたことは想像に難くない．

　人間は，鳥の飛行がその翼によって生じる揚力によることを発見したが，鳥類がそのような原理を理解して翼を利用しているとは到底考えられない．したがって，鳥の飛翔がなぜ実現したかは神のみの知るところであろう．

　本書では，鳥の問題は別にして，この翼と呼ばれる物体の奇妙な性質について調べ，その力学的な特性を明らかにしてみたい．

　翼の理論は流体力学の重要な一分野として古くから研究され，今

2　はじめに

世紀中頃までにその基礎的な諸性質はほとんど解明されたと考えられる．そして，その翼のまわりの流れや翼に作用する力などは，美しい数式で表現できることがよく知られている．

したがって，翼理論を本格的にマスターしたい読者はもちろん，数学的な取扱いに興味のある方々は市販の専門書を勉強されることが望ましい．

反面，最近は翼の応用される分野が広範囲に拡がってきたので，詳細な理論は抜きにして，翼の特性を定性的にでも理解したいという要求も多いと思われる．

本書はこの種の要求に応えるため，翼の理論をできる限り数式を用いないで平易に説明することに努めた．ただし，実験値や実験結果は豊富に引用比較し，また実際的な応用にもできるだけ触れるようにして，その実用性を損なわないように配慮した．

翼のまわりを流れる流体は，通常，空気または水の場合がほとんどである．最近は，水中翼船なども実用化されて，水中における翼の利用も増加する傾向にあるが，やはり一般的には翼は空気中で使用される方が圧倒的に多い．したがって，以下の説明では特別の場合を除いて空気中における翼の特性を中心に述べることとし，水中に特有の問題は最後にまとめて取り扱うこととした．

翼の問題は，大別すると飛行機の翼のような固定翼とプロペラの羽根のような回転翼に分けることができる．しかし，翼の特性を利用する点からみると，両者にほとんど差はないと考えられる．

したがって本書では，まず第1章で，特に応用分野の広い固定翼の低速の流れの中における特性について述べる．ただし，固定翼の応用としては，いうまでもなく飛行機の主翼や尾翼が最もよく知られているので，説明に際して飛行機の翼を想定した部分が多い．なお，用語などについては，付録3にまとめて説明したので参照され

たい.

　第2章では，固定翼の高速の流れの中における特性について述べる．高速の流れは，マッハ数によって高亜音速の場合と超音速の場合に分けられるが，いずれも低速の流れでは無視した空気の圧縮性が主な問題である．なお，マッハ数が極めて大きい場合は極超音速流と呼ばれ，圧縮性のほかに空力加熱のような熱の問題も重要になるが，やや特殊な問題なのでここでは割愛した．

　第3章では，翼の弾性変形の影響について述べる．実際の翼は弾性体であるから外力を受けると変形する．通常，この変形は小さいが，流速が大きくなるとこの変形と空気力が連成して，いわゆる空力弾性問題を生じる場合がある．ここでは，その代表例として翼のダイバージェンスとフラッタを取り上げることとした．

　第4章では，回転翼について述べる．回転翼には多くの種類があり，各種の流体機械に広く使用されているが，ここでは便宜上，二つの場合に分けて取り扱うこととした．すなわち，羽根（ブレード）の枚数が少ない場合（プロペラ，スクリューなど）と，羽根の枚数が多くて翼列として取り扱う場合（タービン，コンプレッサなど）である．ただし，説明は回転する翼の一般的な計算法に限定した．

　この小冊子が翼という物体に興味や関心のある読者にとって有用と認められることは，筆者の望外の喜びである．

　なお本書の刊行に当たり，格別の御厚意と御尽力を頂いた（株）養賢堂 及川 清 社長，三浦信幸 取締役に深甚なる謝意を表する．

2000 年 4 月

前　田　　弘

目　　次

第 1 章　低速の流れの中における翼の特性

1.1　翼の形 ……………………………………………………………… 1
　(1)　翼の断面形（翼型）…………………………………………… 2
　(2)　翼の平面形 ……………………………………………………… 3
1.2　二次元翼に生じる力 ……………………………………………… 7
　(1)　揚力の発生機構 ………………………………………………… 7
　(2)　揚力の計算 ………………………………………………………11
　(3)　翼型（二次元翼）の性能曲線 ………………………………15
1.3　三次元翼に働く力 …………………………………………………21
　(1)　三次元翼の揚力 ………………………………………………21
　(2)　三次元翼の性能 ………………………………………………24
1.4　粘性の影響 …………………………………………………………29
　(1)　翼の摩擦抗力 …………………………………………………30
　(2)　翼の形状抗力 …………………………………………………35
　(3)　高迎角時の特性 ………………………………………………38
　(4)　高揚力装置 ……………………………………………………41

第 2 章　高速の流れの中における翼の特性

2.1　高亜音速流中の二次元翼の特性 ………………………………44
2.2　超音速流中の二次元翼の特性 …………………………………51
2.3　高速の流れの中における三次元翼の特性 ……………………59
　(1)　高亜音速の場合 ………………………………………………59
　(2)　超音速の場合 …………………………………………………60

第 3 章　翼の弾性変形の影響

3.1　翼のダイバージェンス ……………………………………………63
3.2　翼のフラッタ ………………………………………………………67

6　目　次

第4章　回転翼とその応用

4.1　回転翼の種類 ……………………………………………72
4.2　回転翼の特性 ……………………………………………73
　(1)　運動量理論 ……………………………………………73
　(2)　翼素理論 ………………………………………………76
4.3　翼　列 ……………………………………………………81
　(1)　直線翼列 ………………………………………………82
　(2)　円形翼列 ………………………………………………84
4.4　水流とキャビテーション ………………………………85

付録1　流体の性質………………………………………………88
　(1)　密　度 …………………………………………………88
　(2)　粘　性 …………………………………………………89
　(3)　圧縮性 …………………………………………………91
付録2　NACA翼型………………………………………………92
　(1)　4字番号翼型 …………………………………………92
　(2)　5字番号翼型 …………………………………………92
　(3)　6シリーズ翼型 ………………………………………94
付録3　飛行機の翼………………………………………………97
　(1)　主　翼 …………………………………………………97
　(2)　尾　翼 ………………………………………………101
付録4　風洞と実験法 ………………………………………104
　(1)　風洞の構造と機能 …………………………………105
　(2)　風洞実験法 …………………………………………107

索　引…………………………………………………………111
おわりに ………………………………………………………115

（ 1 ）

 低速の流れの中における翼の特性

　翼の特性を調べるためには，まず翼の周囲を流れる流体の性質を知ることが必要である．空気や水のような実在の流体は，粘性や圧縮性と呼ばれる性質をもつことが知られている．粘性や圧縮性の詳しい説明は付録1に示すが，空気の粘性は油などと比較すると極めて小さいので，特別の場合（例えば摩擦抗力の計算など）を除けば無視することができる．またその圧縮性は，気流の速度が音速（常温では約 340 m／s）に近いか，またはそれ以上の場合にのみ問題になるので，流速が，例えば 100 m／s 以下のような低速であれば考慮する必要はない．

　したがって，このような低速の気流中で用いられる翼の場合には，空気を粘性や圧縮性のない＊理想的な流体（理想流体または完全流体と呼ばれる）として取り扱うことができる．理想流体の仮定を用いると，翼の揚力の計算などが簡単になる利点があるが，反面，抗力が計算できないなどの不具合も生じる．しかし，翼の性能としては揚力特性が最も重要なので，まずこの仮定を用いて揚力の計算を行ない，その結果を実験値と比較してみよう．

　なお，抗力の計算に必要な粘性の影響については，改めて別に述べることとする．

1.1 翼 の 形

　翼の性能を求める前に，まず翼の形状について調べてみよう．

　翼の特性を決める重要な形状は，翼の断面形（翼型）と平面形の2

＊ 流体の内部摩擦がゼロで，圧縮によって密度が変わらない（非圧縮と呼ばれる）ことを意味する．

（２）　第1章　低速の流れの中における翼の特性

種類である．

（1）翼の断面形（翼型）

　翼を流れに平行な平面で切った場合，その切り口の形を翼型（よくがた）という．その一例を図 1.1 に示す．図のように，翼は前方（流れに向かう方向）が丸く，後方が尖った形状であることがその特徴である．

　後の説明の便宜上，翼型各部の名称について述べると，まず丸い形の前方の先端部を前縁（ぜんえん），尖った後方の先端部を後縁（こうえん）と呼ぶ．前縁と後縁を結ぶ線を翼弦線（よくげんせん），前・後縁間の長さを翼弦長（よくげんちょう）と名づける．翼の厚みは翼弦線に沿って変化するが，その最大厚さの値を翼厚（よくあつ）と称し，翼厚と翼弦長の比を厚み比（あつみひ）という．翼の厚み分布の中点を結ぶ線を反り線（そりせん）といい，その翼弦線からの距離の最大値を反りと呼ぶ．したがって，翼型は反り線を中心に上下に等しい厚みを付けた形と考えることができる．

　一般に，翼型は上面の形状と下面の形状が異なるので，通常，反り線と翼弦線は一致しない．しかし，上面と下面の形状が同一の場合には，両者は一致して反りはゼロとなる．この翼型は，特に対称翼（たいしょうよく）と呼ばれる．

　翼型の性能は，主として反り線の形状と厚み分布によって決まる．古くから多数の翼型が欧米各国で開発され，その性能も詳しく

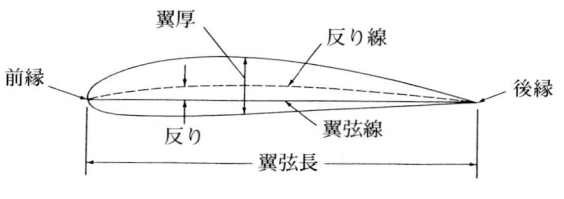

図 1.1　翼型

1.1 翼 の 形　（3）

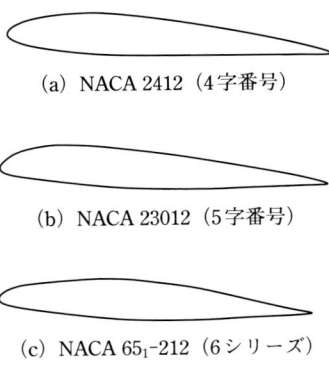

(a) NACA 2412（4字番号）

(b) NACA 23012（5字番号）

(c) NACA 65_1-212（6シリーズ）

図1.2　NACA翼型の代表例

調べられているが，特に米国のNACA（National Advisory Commit-tee for Aeronautics）翼型は最も著名である．

　NACA翼型の例を図1.2に示す．図中，4字および5字番号のものは1930年頃からよく用いられた翼型で，6シリーズのものは層流翼型（後述）として最近の商用機に多用されている．なお，これらの翼型の詳細な形状や性能などについては付録2を参照されたい．

（2）翼の平面形

　金太郎飴のように翼の断面がすべて同一の翼型で，幅が無限に長い翼は二次元翼と呼ばれる．したがって，翼型の性能といえば，このような二次元翼の一部を単位幅（例えば1 m）だけ切り取った場合の特性と考えてよい．

　しかし，実際の翼は左右の拡がりが有限で，翼端があるので三次元翼として取り扱わなければならない．また，その平面形も多種多様で，目的に応じて適当な形状が選択される．三次元翼の平面形の例を図1.3に示す．

（ 4 ）　　第1章　低速の流れの中における翼の特性

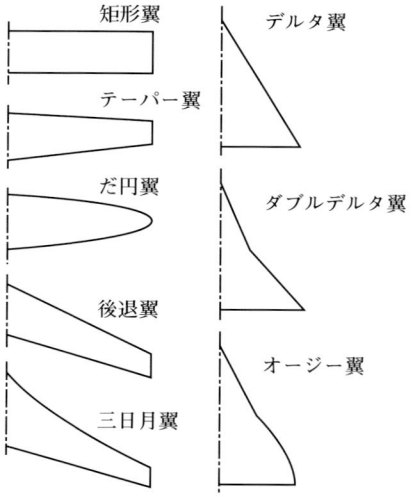

図1.3　翼の平面形

　図中，矩形翼は二次元翼を有限の長さに切った形状で，戦前の小型機にはよく用いられたが，最近はほとんど見られない．

　テーパー翼は翼の付根の翼弦長が大きく，先端の翼弦長が小さいので先細翼（さきぼそよく）とも呼ばれ，最近の航空機に多用されている．その主な理由は，翼に加わる揚力による曲げモーメントに対して構造的に強いためと考えられる．

　後退翼は，よく知られているように前・後縁が流れに対して後退した翼で，主として高速機に採用される．

　デルタ翼やオージー翼も後退角の大きな後退翼の一種であるが，いずれも超音速機に用いられる．特に，オージー翼は超音速旅客機コンコルド（図1.4参照）の主翼として有名である．

　図1.5の先細後退翼について用語および記号の説明を行なうと，まず翼の左右の翼端間の距離を翼幅（よくはば）という．普通，記号

1.1 翼 の 形 （ 5 ）

図1.4　コンコルド

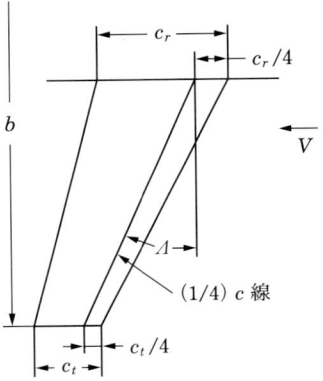

図1.5　先細後退翼

b で表わされる．翼弦長は通常，記号 c で表わされるので，翼の対
称面における翼弦長と翼端の翼弦長をそれぞれ c_r，c_t と表わすと，

（ 6 ）　　第1章　低速の流れの中における翼の特性

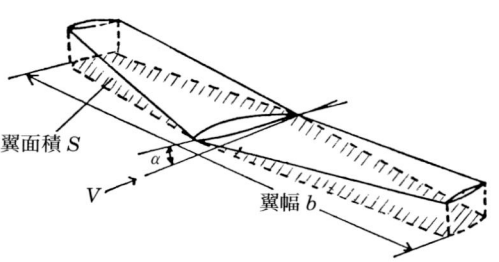

図1.6　翼面積

両者の比 c_t/c_r は先細比またはテーパー比と呼ばれる.

　なお先細翼の場合には，翼の前縁と後縁の後退角が異なるので，図のように $(1/4)c$ 線（前縁から翼弦長の $1/4$ だけ後方の点を結ぶ線）で後退角 Λ を定義する.

　翼を水平面上に投影した面積を翼面積（よくめんせき）という. 例えば，飛行機の主翼には上反角（じょうはんかく）を付けることが多いが，この場合には図1.6のハッチングの部分の面積を翼面積としてよい（上反角については付録3を参照されたい）.

　また，翼面積を S で表わすと，

$$\lambda = \frac{b^2}{S}$$

はアスペクト比または縦横比と呼ばれ，三次元翼の性能を表わすときによく用いられる重要な量である. 例として B-747（ジャンボジェット機）の主翼のアスペクト比を計算してみると，この場合には翼幅 $b = 59.64$ m，翼面積 $S = 511.0$ m^2 であるから，容易に $\lambda = 6.96$ が得られる.

1.2 二次元翼に生じる力

(1) 揚力の発生機構

流れの中に置かれた翼にはなぜ揚力が発生するのか，その理由について調べてみよう．簡単のために，二次元翼について考えるが，その前に，まず二次元の円柱の場合を考察してみる．

図1.7は流速 V の理想流体の流れの中に置かれた円柱のまわりの流線を示すが，図の点Aでは流れがせき止められて流速はゼロとなる．点Aは，岐点（きてん）またはよどみ点と呼ばれる．円柱の上面に沿う流れは，点Aから次第に加速されて，点Bでは最大値 $2V$ に達する．そして，後面では次第に減速して点Cでは再びゼロとなる．下面も同じであるから，円柱の表面に沿う流れは常に上下対称で，したがって，流れに垂直な力，すなわち揚力はゼロである〔左右の流れも対称であるから抗力もゼロである．このように理想流体中では一定流速の流れは物体に力を及ぼさないという結果を生じる．これは現実と矛盾するので，ダランベールの背理（パラドックス）と呼ばれる〕．

次に，図1.8のように，この流れの中で円柱を時計方向に回転さ

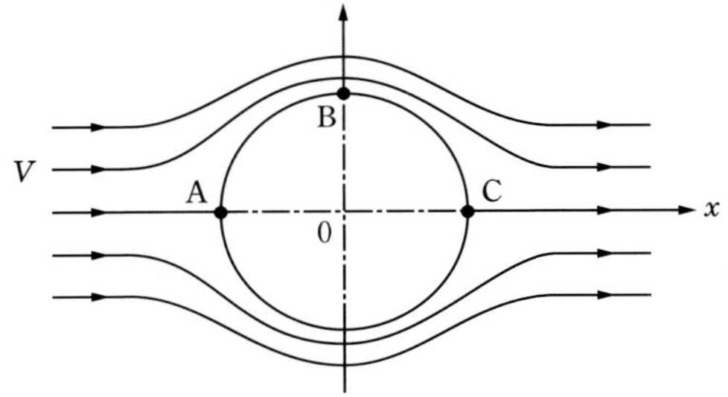

図1.7　円柱まわりの流れ（理想流体）

（ 8 ）　第1章　低速の流れの中における翼の特性

せると，円柱の表面付近の流体は円柱の周速度と同じ速度で運動するので，上面の流速は静止円柱の場合よりも大きく，逆に下面の流速は小さくなり，円柱まわりの流線は図のように変化する *.

　流体内の圧力は，流速が小さいときは高く，流速が大きくなると低くなる性質がある（流体のもつこの性質はベルヌーイの定理と呼ばれる）．

　したがって，回転円柱の場合には，上面の圧力は低くなり，下面の圧力は高くなるので，この円柱には流れに垂直に上向きの力 L が働く．この力が揚力である．

　回転円柱に揚力が発生することは実験によっても容易に確認することができる．また円柱ではないが，野球のボールやゴルフボールの軌道がボールの回転によってカーブすることはよく知られてい

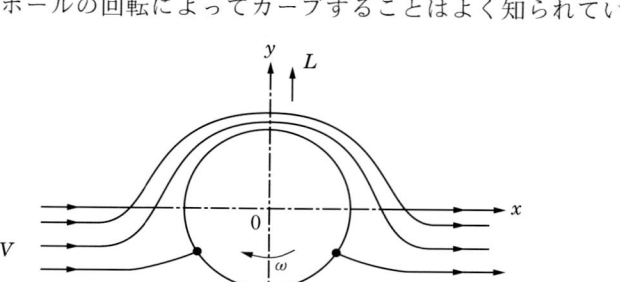

図 1.8　回転する円柱まわりの流れ

---

* 理想流体の流れの中では，円柱が回転しても周囲の流体は影響を受けないので上の説明は正しくない．円柱の回転による周速度に等しい流速の流れを付加するというのが正しい表現である．なお空気や水のような実在の流体では，粘性によって円柱の表面付近の流体がひきずられて運動するので，上述の流れとほぼ同様な流れが生じる．

1.2 二次元翼に生じる力　　(9)

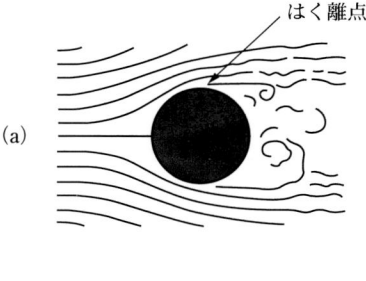

はく離点

図 1.9　円柱まわりの流れ（粘性流体）

る．これも回転球に働く揚力の効果である（この現象はマグナス効果と呼ばれている）．

　比較のために，静止円柱が実在の気流中にある場合を図 1.9 に示す．図 (a) のように粘性のある実際の流れでは，円柱表面に沿う流線は途中で円柱からはがれて背後に渦を生じる．普通，この渦は同図 (b) のように回転方向の逆のものが交互に発生して渦の列を作るのでカルマン渦列と呼ばれる．

　はく離点は，流速や気流中の乱れなどによって変化するが，円柱後面の流れは理想流体の場合（図 1.7 参照）と大きく変化することがわかる．しかし，はく離点までの円柱の前面の流れは理想流体の場合とよく一致することが認められている．

　翼の場合も，揚力発生の原理は円柱とほぼ同一である．しかし，翼はなぜ回転しなくても揚力が生じるのか，その理由は翼型という特殊な形状による．

　既述のように，翼型は前縁がまるく滑らかに，後縁は鋭く尖った

(10)　第1章　低速の流れの中における翼の特性

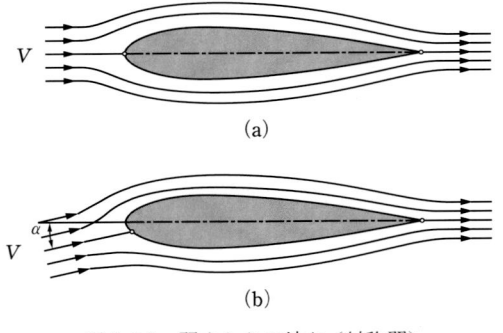

(a)

(b)

図 1.10　翼まわりの流れ（対称翼）

形に作られている．説明の便宜上，翼型として図 1.10 のような対
称翼を用いると，流れが翼弦線の方向から当たる場合には，上下面
に沿う流線は静止円柱の場合と同様に上下対称であるから，揚力は
ゼロである〔図 (a) 参照〕．

　しかし，同図 (b) のように，流れが翼弦線に対して斜めに下方か
ら当たると，上面の流れは円柱の場合と同様に前縁に沿って加速さ
れて速くなり，下面は流れがせき止められて減速されるので遅くな
る．すなわち，翼の場合は翼に対する流れの方向を変えることによ
って，回転しなくても回転円柱と同様な流れの分布を実現すること
ができる．

　翼の場合にも，図 1.11 (a) のように下面の流れが後縁 B を回り
込んで点 A が岐点となる場合には揚力を生じない．しかし，翼の後
縁は尖っているので，翼の下面の流れは鋭く尖った後縁を回り込む
ことができず，同図 (b) のように上下面の流れは後縁から滑らかに
流れ出さなければならない（これをクッタの条件という）．このよ
うな流れを実現するためには，図のように翼のまわりを時計方向に
回る流れを付加する必要があるが，この流れは円柱の回転によって

1.2 二次元翼に生じる力 （ 11 ）

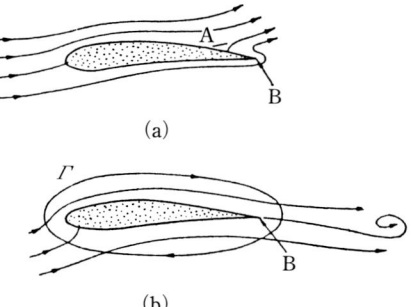

(a)

(b)

図 1.11 クッタの条件

生じる流れと同じ性質のものである.

　このように考えることによって，翼の上面および下面の流速分布を決めることができる．流速の分布が求められれば，前述のベルヌーイの定理を用いて上下面の圧力分布を求めることができるので，その圧力分布から揚力が求められる.

　以上の説明から明らかなように，翼に揚力を発生させるには翼に対する流れの方向が重要である．翼弦線と流れの方向のなす角を迎角（むかえかく）と呼び，図のように流れが下方から上方へ向かう場合を正とする．したがって，迎角が正の場合に上向きの揚力が発生する．迎角には，通常，記号 α を用いる.

　対称翼ではない通常の翼型でも，揚力の発生機構は同じである．ただし，一般に翼型は上下面の形状が異なるから，迎角がゼロでも揚力はゼロではなく，多少，正（プラス）の値となるのが普通である.

（2）揚力の計算

　既述のように，実在の流体は粘性や圧縮性をもつが，翼が気流中にあるときには空気を理想流体として取り扱ってよいので，ポテン

（ 12 ）　第1章　低速の流れの中における翼の特性

シャル流 * の理論を適用することができる.

　したがって，まずこの理論を用いて二次元翼に働く揚力を計算してみよう.

　計算の方法は種々考案されているが，ここでは一例として等角写像（とうかくしゃぞう）による計算法とその結果を示すこととする.

　計算の手順は次のとおりである.

① 理想流体の流れの中で回転する円柱まわりの流速分布（図1.8参照）を求める.

② 適当な写像関数を用いて，円柱のまわりの流れを翼型のまわりの流れに変換する.

③ 翼型のまわりの流速分布が求められれば，その圧力分布や揚力

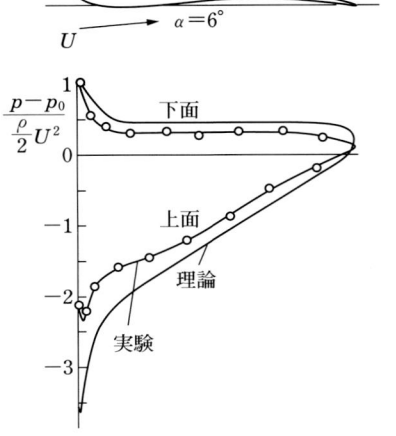

図 1.12　ジューコフスキー翼型の圧力分布

---

* 理想流体の流れでは，速度ポテンシャルが定義できるので，ポテンシャル流と呼ばれる. 特に，二次元の流れを取り扱うのに便利である. ポテンシャル流の詳細については流体力学の専門書を参照されたい.

1.2 二次元翼に生じる力 （ 13 ）

が計算される.

　計算結果の一例を図1.12に示す. 図は簡単な写像関数で得られる翼型（ジューコフスキー翼型）の場合の圧力分布の計算値であるが, 実験値と比較すると, 形状は似ているが上下面とも実験値の方

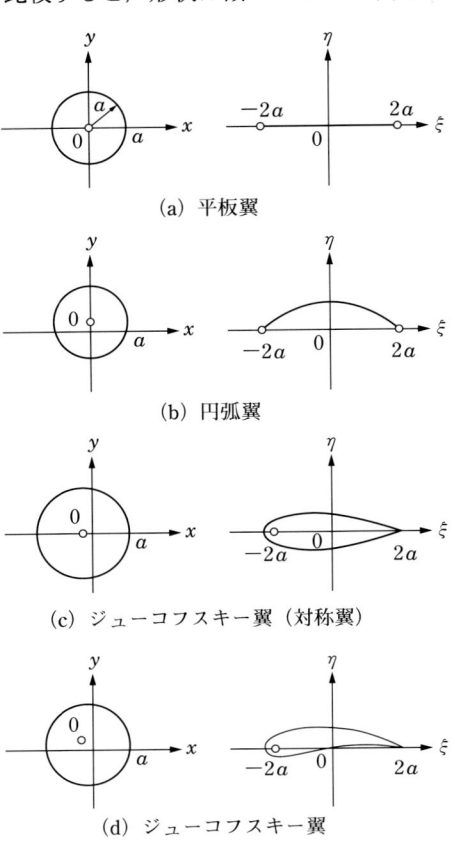

(a) 平板翼

(b) 円弧翼

(c) ジューコフスキー翼（対称翼）

(d) ジューコフスキー翼

z 平面　　　　　ζ 平面

図1.13　ジューコフスキー変換による写像例

（ 14 ）　第1章　低速の流れの中における翼の特性

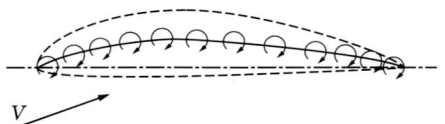

図 1.14　薄翼理論の渦分布

がやや小さい．この理由は，計算には理想流体の仮定を用いて粘性
などの影響を無視したためと考えられる．

　なお，ここで用いた写像関数

$$\zeta = z + \frac{a^2}{z}$$

はジューコフスキー変換と呼ばれ，この写像関数を用いると，図
1.13 のように z 面の円は ζ 面の種々の図形に変換される．このう
ち (c)，(d) のような図形は普通の翼型に似ているのでジューコフ
スキー翼型と呼ばれる．

　この等角写像を用いる方法は厳密で優れた計算法であるが，任意
の与えられた翼型のまわりの流速分布や圧力分布を求める場合に
は，写像関数が複雑で計算が困難になるのが欠点である．したがっ
て，任意の翼型について計算するときには，他の実用的な方法を用
いることが望ましい．

　実用的な計算法の例として，よく用いられる薄翼理論について簡
単にその考え方を示すと，翼型の揚力特性は，主としてその反り線
の形状によって決まる．したがって，翼の厚さを無視して反り線上
に渦を分布したもの（図 1.14 参照）で翼を置き換える方法が薄翼理
論と呼ばれる．なお，揚力に関しては翼の厚さの影響は小さいの
で，この計算法はかなり厚み比の大きい翼型に対してもよい近似解
を与える．

1.2 二次元翼に生じる力　（ 15 ）

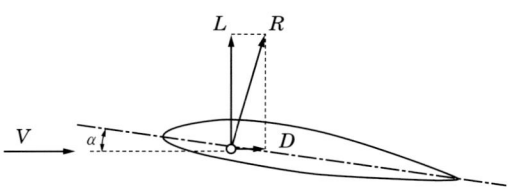

図 1.15　揚力と抗力

（3）翼型（二次元翼）の性能曲線

　二次元翼が一様流の中に置かれると，迎角が正であれば上向きの揚力が発生することがわかった．そこで流体の密度や速度が変化した場合，この翼にどの位の大きさの揚力を生じるか計算してみよう．

　図 1.15 に示すように，流速 V の流れの中に置かれた翼に作用する揚力を L とすると，この揚力は次式で表わすことができる．

$$L = \frac{1}{2} \rho V^2 c C_l$$

ここで，ρ は流体の密度，c は翼弦長，C_l は揚力係数と呼ばれる無次元の量である（二次元翼であるから，翼の幅は単位長さと考えればよい）．

　前述のジューコフスキー翼の場合の計算結果を示すと，揚力係数 C_l と迎角 α との関係は，迎角が小さい場合には次式で与えられる．

$$C_l = 2 \pi \alpha$$

上式は，揚力係数 C_l が迎角 α に比例して増大することを示している．そして，迎角 α を横軸にとり，揚力係数 C_l を縦軸とする図表で表わすと，その傾斜は 2π であることがわかる．ただし，迎角 α の単位はラジアンである．

(16)　第1章　低速の流れの中における翼の特性

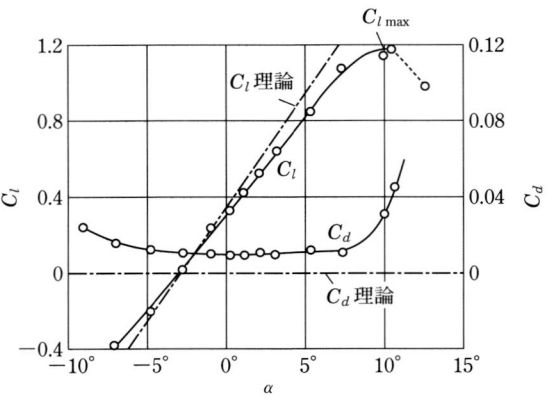

図 1.16　二次元翼の揚抗力曲線

　以上の結果を図示すると，図 1.16 の C_l の理論値のようになる．図では迎角 α の単位を度で表わしているので，理論的には揚力係数 C_l は α が 1° 変化すると約 0.11 変化することになる（1 ラジアンは 57.3° であることに注意されたい）．

　図には比較のために，同じ翼の風洞実験で得られた C_l の変化も示されているが，両者とも α の小さい範囲（$\alpha < 10°$）内では C_l は α に比例してほぼ直線的に増大している．しかし，揚力曲線の傾き（揚力傾斜と呼ばれる）は明らかに実験値の方が少し小さい．この理由は，やはり計算に理想流体の仮定を用いたためと考えられる（風洞と風洞実験法については付録 4 を参照されたい）．

　なお，ここではジューコフスキー翼についての結果を示したが，通常用いられる翼型の場合は，ほとんど同様の結果が得られる．すなわち，実用の翼型（二次元翼）の揚力係数は，迎角の小さい範囲内では，迎角 1° の変化に対して約 0.1 程度変わると考えてよい．

　上記の結果を用いて，例えば翼弦長 15 cm の二次元対称翼模型が

1.2 二次元翼に生じる力　（ 17 ）

迎角 $5°$ で風速 $30\,\mathrm{m/s}$ の気流中に置かれた場合，この翼に生じる揚力を計算してみよう．

計算式は，

$$L = \frac{1}{2}\rho\,V^2\,c\,C_l$$

であるから，$\rho = 1.205\,\mathrm{kg/m^3}$（付録 1 参照），$V = 30\,\mathrm{m/s}$，$c = 0.15\,\mathrm{m}$，$C_l = 0.1 \times 5 = 0.5$ を代入すると

$$L = 40.67\,\mathrm{N/m} = 4.15\,\mathrm{kgf/m}$$

となる．すなわち，この翼には翼幅 1 m 当たり約 4.15 kgf の揚力が発生する．

次に，抗力は既述のように理想流体の流れの中では理論的にはゼロである．しかし，実験値はもちろんゼロではなく，迎角 α の小さい範囲内ではほぼ一定の正の値を示す．二次元翼の場合，抗力の発生する理由は流体の粘性の影響であるが，これについては後に詳しく述べることとする．

なお翼の抗力を D とすると，抗力係数 C_d は揚力の場合と同様に，次式で表わされる．

$$D = \frac{1}{2}\rho\,V^2\,c\,C_d$$

図 1.16 から明らかなように，迎角 α が小さいときには，揚力係数 C_l は α に比例して直線的に増大し，抗力係数 C_d はほぼ一定の小さな値を示すので，理論値と実験値は傾向的には一致すると考えることができる．

しかし，迎角が大きくなるとその差が極めて顕著になり，理論値と実験値が合わなくなる．すなわち，揚力係数 C_l はある迎角で最大値 $C_{l\max}$ に達し，それ以上迎角が増すと C_l は逆に減少する傾向を示す．この現象を失速（しっそく）といい，$C_{l\max}$ に対応する迎角

（ 18 ）　第1章　低速の流れの中における翼の特性

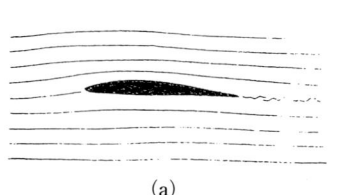
(a)

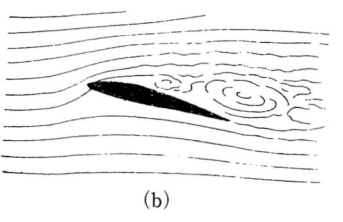
(b)

図1.17　翼のまわりの流れ

を失速角という．また，抗力係数 C_d も迎角が大になると徐々に増大し，失速角付近から急激に大きな値となる．

　失速の原因は流体の粘性によるもので，図1.17 に示すように，迎角が小さいときには流体は翼の上下面に沿って滑らかに流れるが，迎角が大きくなると，図 (b) のように主として翼上面の流れがはがれて，その背面に乱れた低圧部を生じるためである．この現象は流れのはく離と呼ばれる．

　翼面上の圧力分布（図1.12 参照）を見ると，翼の前縁付近で圧力の変化が大きく，後縁付近では小さい．したがって，圧力の中心はかなり前縁に近いことが予想される．通常の翼型では，この圧力中心は前縁から $(1/4)c$ 後方の位置〔$(1/4)c$ 点〕に極めて近いので，迎角が失速角以下の場合には，翼の揚力や抗力はほぼこの点に作用すると考えてよい．

　したがって，この $(1/4)c$ 点まわりのモーメント（ピッチングモーメント）を M とし

$$M = \frac{1}{2}\rho\,V^2\,c^2\,C_{m(1/4)c}$$

と表わすと，$C_{m(1/4)c}$ はピッチングモーメント係数で，その値は迎角 α の小さい範囲内ではほぼ一定の小さな値となる〔このように，モーメント係数が迎角の変化に対して一定値を保つ点を翼の空力中

1.2 二次元翼に生じる力 （ 19 ）

心（くうりきちゅうしん）という〕.

翼型の性能曲線は,以上の結果をまとめて,図 1.18 のように迎角 α を横軸にとり C_l, C_d, $C_{m(1/4)c}$ の変化を示すのが普通である.

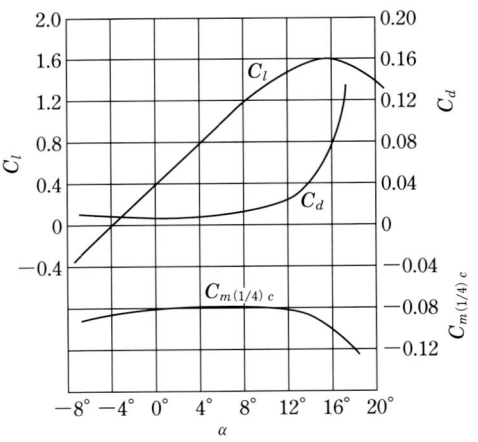

図 1.18　翼型の性能曲線

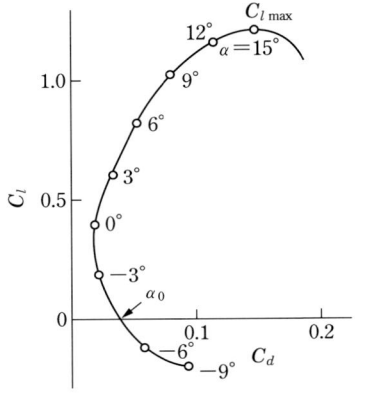

図 1.19　極線図

（ 20 ）　第1章　低速の流れの中における翼の特性

　しかし別の表示法として，図1.19のように，α をパラメータとして C_l，C_d をそれぞれ縦軸，横軸にとって表わす図表もよく用いら

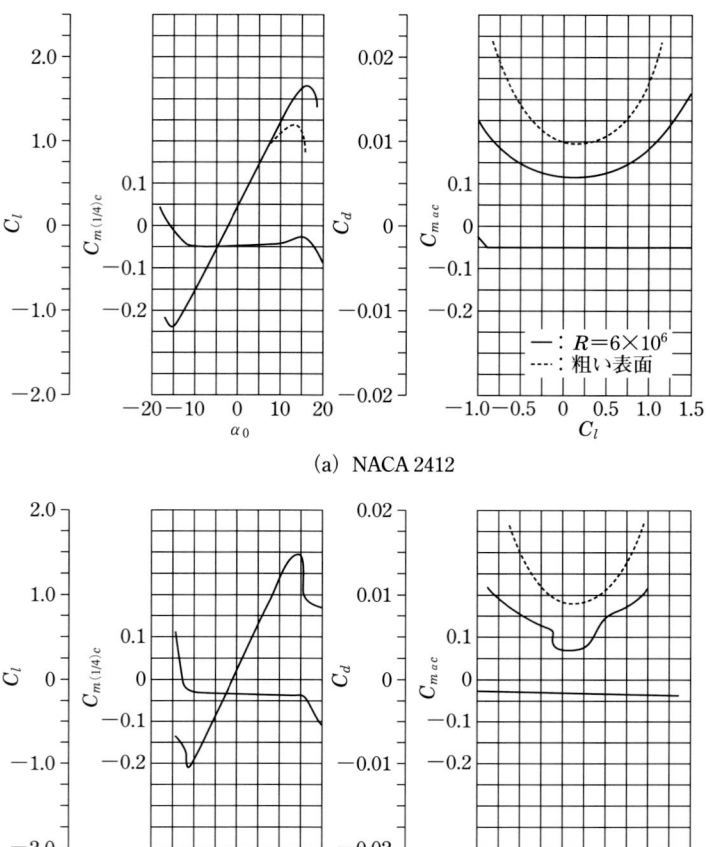

(a) NACA 2412

(b) NACA 65_1-212

図 1.20　代表的な翼型の性能曲線

れる．後者は，特に極線図（ポーラー線図）と呼ばれる．

実用の翼型の例として，NACA 2412 および NACA 651_1 - 212 の性能曲線をそれぞれ図 1.20 (a)，(b) に示す（図中の極線図では C_l を横軸，C_d，$C_{m(1/4)c}$ を縦軸にとっているので注意されたい）．

両図を比較すると，二つの翼型の特性には特に抗力係数 C_d の変化に顕著な差が見られる．図 (b) から明らかなように，6 シリーズ翼の揚力 - 抗力極線は $C_l = 0 \sim 0.3$ の範囲で C_d の値が減少し，いわゆるバケット特性を示している．これは層流翼の特性である（このバケット特性については，「1.4 粘性の影響」のところで詳しく述べる）．

1.3 三次元翼に働く力

(1) 三次元翼の揚力

二次元翼が揚力を生じるのは，翼の上面の流れが加速されて速くなり，下面の流れは減速されて遅くなるためであることがわかった．

このような流れは，回転円柱の場合を見れば明らかなように，一様流と翼のまわりを時計方向に回る流れの組合せと考えることができる．この翼を回る流れは，渦によって誘導される流れと同じ性質をもつので，翼が揚力を発生しているときには，その翼のまわりには渦流があると考えてよい（二次元翼のときに述べた薄翼理論で，翼をその反り線上に分布する渦で置き換えたのも同様な考え方による）．

しかし翼の長さが有限で翼端のある三次元翼では，そのままでは渦が途中で切れることになる．渦の法則によると，渦は流体中に端をもつことはないので，この矛盾を避けるためには，左右の翼端から一対の渦が流出すると考えなければならない（図 1.21 参照）．

（ 22 ） 第1章　低速の流れの中における翼の特性

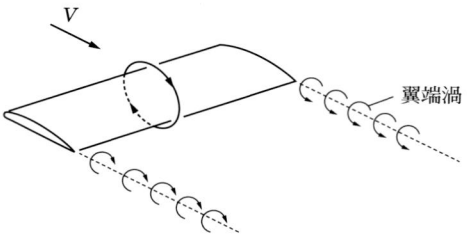

図1.21　翼端渦の発生

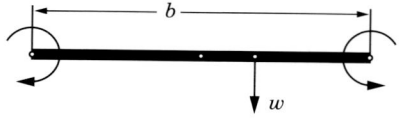

図1.22　翼端渦による誘導速度

　このように，翼端から後方へ流出する渦は翼端渦（よくたんうず）または随伴渦（ずいはんうず）と呼ばれ，実験的にも認められている．例えば，B-747（ジャンボジェット機）のような大型機は非常に強い翼端渦を生じるので，後方を飛行する小型機がその乱気流にまき込まれて生じた事故なども報告されている．

　三次元翼の場合，翼端があって渦が流出すると，二次元翼とどのような差異を生じるか調べてみよう．

　図1.22は翼を後方から見た図であるが，図のように一対の翼端渦によって翼のところには下向きの流れが誘導される．翼の位置で計算されるこの流速を w とすると，その大きさは，一般に翼面上の各点で変化するが，この流速 w は誘導速度（ゆうどうそくど）と呼ばれる．

　翼に対する一様流の速度を V，また翼の一様流に対する迎角を α とすると，三次元翼では上述のように翼端渦による誘導速度 w が加わるため，翼に当たる実際の流速および迎角は V および α と異なっ

1.3 三次元翼に働く力 (23)

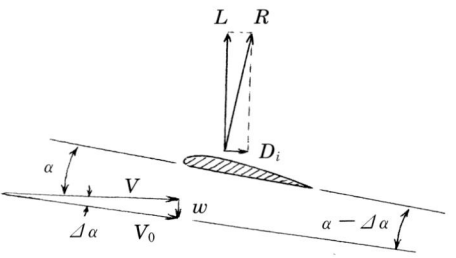

図 1.23　誘導抗力

てくる.

　一般に，誘導速度 w は V より充分小さいので，流速の変化は無視してよい. しかし，図 1.23 に示すように，迎角の変化 $\Delta\alpha$ は無視できない. したがって，三次元翼は二次元翼と比較すると，流速は変わらないが，迎角は $\Delta\alpha$ だけ小さい流れを受けると考えられる. ただし，$\Delta\alpha$ は次式で計算することができる.

$$\Delta\alpha = \frac{w}{V}$$

この場合，$\alpha - \Delta\alpha$ を三次元翼の有効迎角という.

　このように，三次元翼では有効な迎角が減少するため，二次元翼と比較すると，見かけの迎角は同じでも揚力は減少する. また，二次元翼の場合と異なり，抗力も発生する. この抗力を誘導抗力 (ゆうどうこうりょく) という[*].

　誘導抗力が発生する理由は次のように考えればよい. 図 1.23 に

---

[*] 三次元翼では，理想流体中にもかかわらず抗力を生じるのは，翼から渦が流出するためと考えられる. すなわち，翼が通ったあとの流体は渦によって運動するが，これは翼から供給されたエネルギーによるものと理解される. この現象は，船の造波抵抗が船体の起こす波の運動によって生じるのと同様な関係である.

（ 24 ） 第1章　低速の流れの中における翼の特性

示したように，三次元翼には翼端渦による誘導速度のため，$\Delta\alpha$ だけ
迎角の小さい流れ V_0 が当たる．したがって，この翼断面では V_0 に
垂直な方向に力 R を生じるが，この力 R は，図のように一様流 V
に垂直な力 L と一様流の方向の力 D_i に分けることができる．すな
わち，L が三次元翼の揚力で，D_i が誘導抗力である．このように，
誘導抗力は翼が揚力をもつときに生じる抗力で，揚力がゼロであれ
ば誘導抗力もゼロとなる（このような三次元翼の考え方はプラント
ルの翼理論と呼ばれる）．

（2）三次元翼の性能

　既述のように，揚力を発生している翼のまわりには渦に似た流れ
が生じているが，ここではこれを循環（じゅんかん）と名づけよう．

　二次元翼では，もちろんこの循環の値（大きさ）はどの断面でも
一定であるが，三次元翼では翼端があるためその値は一定ではな
く，翼幅方向に変化する．すなわち，一般に循環の大きさは翼の中
央付近が最大で，翼端ではゼロとなるが，その形状は翼の平面形や
アスペクト比などによって異なる．

　三次元翼の循環の分布形状を決めることは容易ではないが，アス
ペクト比の比較的大きい実用的な翼の場合には，この循環の分布は

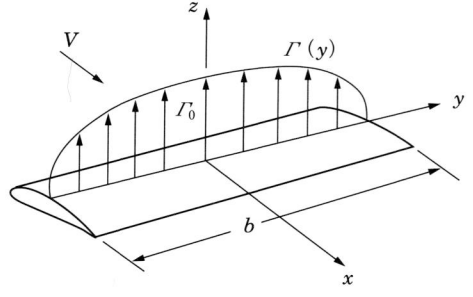

図1.24　循環のだ円分布

1.3 三次元翼に働く力 （ 25 ）

だ円形に近いと考えてよい.

したがって，ここでは循環のだ円分布（図 1.24 参照）を仮定して，前述の誘導速度 w や誘導迎角 $\varDelta\alpha$ を計算し，またこの翼に生じる揚力や誘導抗力を求めることとする.

計算の結果によると，このだ円分布の場合には w は翼の各断面上で同一で，したがって $\varDelta\alpha$ も翼幅に沿って一定という極めて簡単でわかりやすい結果が得られる.

また，任意の位置における循環の大きさを $\varGamma$ とすると，その部分の翼に生じる揚力は，

$$\varDelta L = \rho V \varGamma$$

で計算することができる.ここで，ρ は流体の密度，V は流速であるから，揚力 $\varDelta L$ は流体密度 ρ と流速 V と循環 $\varGamma$ の積で求められることがわかる（この関係はクッタ-ジューコフスキーの法則と呼ばれる）.

循環のだ円分布と上式の関係を用いて，この翼に生じる揚力と誘導抗力を計算すると，次の関係式が得られる.

$$C_{Di} = \frac{C_L{}^2}{\pi\lambda}$$

ここで，C_L および C_{Di} はそれぞれ揚力係数，誘導抗力係数で，λ はアスペクト比である.

なお，三次元翼の揚力係数と誘導抗力係数は，二次元翼の場合と同様に，次のように定義される.

$$L = \frac{1}{2}\rho V^2 S C_L$$

$$D_i = \frac{1}{2}\rho V^2 S C_{Di}$$

ここで，S は翼面積である.なお二次元翼と区別するため，添字の

（ 26 ）　第1章　低速の流れの中における翼の特性

L および D_i には大文字を用いる.

　上述のように，翼の誘導抗力は揚力に伴って生じる力で，理想流体中でも発生する．したがって，粘性による抗力を D_0 とすると，三次元翼の全抗力 D は

$$D = D_0 + D_i$$

で表わすことができる．したがって，抗力係数の形で表わすと，次式のようになる.

$$C_D = C_{D0} + C_{Di} = C_{D0} + \frac{C_L{}^2}{\pi \lambda}$$

なお，粘性による抗力は形状抗力（けいじょうこうりょく）と呼ばれるので，C_{D0} は形状抗力係数である（形状抗力については次節で詳述する）.

　参考のためにアスペクト比が 7.0 の翼の誘導抗力係数の値を計算してみると，上式より，例えば揚力係数 C_L が 0.5 の場合には $C_{Di}=$

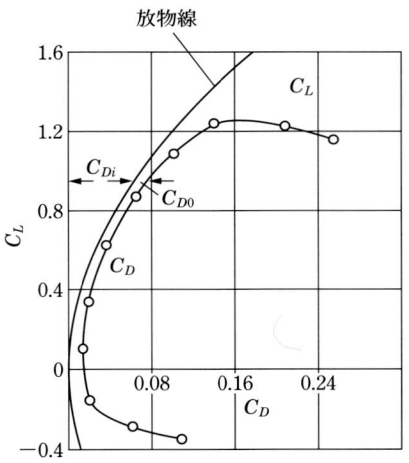

図1.25　抗力の放物線極線特性

1.3 三次元翼に働く力 (27)

0.0114 となる．この値は，通常の翼の形状抗力係数 C_{D0} の値が約 0.006（例えば付録 2 の NACA 2412 や NACA 23012 の性能曲線参照）であるから，両者を比較すると C_{Di} の値は C_{D0} の約 2 倍であることがわかる．C_L が大きくなると，その差はさらに大になる．

上式の抗力係数 C_D と揚力係数 C_L との関係は，極線図で表わすと放物線になるので，これを放物線極線特性と呼ぶ．

また形状抗力係数 C_{D0} の値は，迎角が小さいときにはほぼ一定と考えてよいが，迎角が大きくなると，その値は増大する．その原因は，やはり流れが翼面上からはく離するためである．

以上の関係を図示すると図 1.25 のようになる．図から明らかなように，この放物線特性は迎角の余り大きくない範囲内では実験結果とよく一致する．したがって，上式は三次元翼の揚力と抗力の関

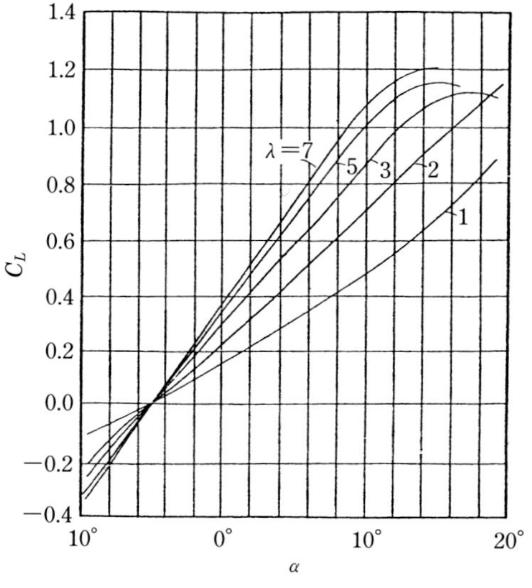

図 1.26　三次元翼の揚力傾斜

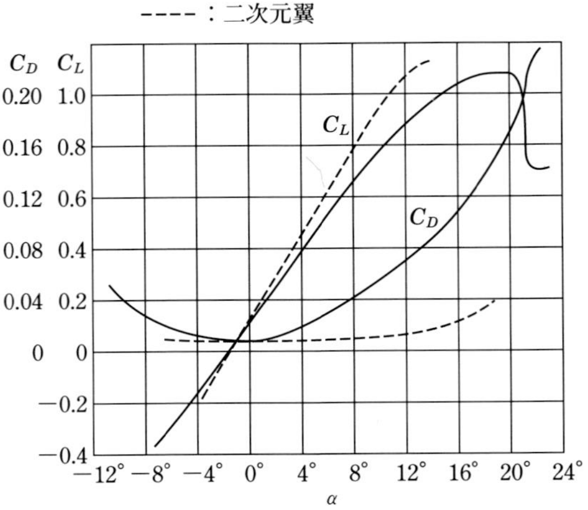

（ 28 ）　第1章　低速の流れの中における翼の特性

----：二次元翼

図1.27　三次元翼の揚抗力曲線

係を表わす式としてよく用いられる.

　なお三次元翼では，既述のように誘導迎角によって有効な迎角が減少するため，二次元翼よりも揚力が減少する．したがって，揚力傾斜も小さくなる.

　計算結果によると，三次元翼の揚力曲線の傾きはアスペクト比 λ によって変化し，λ の値が大きくなるほどその傾きも大になって二次元翼の値に近づく.

　例として，矩形翼の場合について $\lambda = 1\sim7$ の揚力曲線の傾きの変化を図1.26に示した．この結果は，実験値ともよく一致することが確かめられている.

　三次元翼の性能曲線の一例を図1.27に示す．迎角が大きくなると揚力曲線は最大値に達し，それ以上大きな迎角では反対に揚力が減少するのはやはり翼の失速による．また，二次元翼と異なり，アスペクト比 λ の大小によって揚力傾斜などの特性が変化すること，

1.4 粘性の影響　（ 29 ）

また抗力も誘導抗力が付加されるため増大することなどが二次元翼
との違いである.

1.4　粘性の影響

これまでの計算には理想流体を仮定したが，実在の流体では特に
粘性の影響を無視できないことが多い．例えば，翼の抗力には誘導
抗力のように粘性以外の原因によるものも生じるが，流体の粘性に
よる摩擦抗力は最も基本的な要因として考慮しなければならない.
また，翼の迎角が大きくなると生じる流れのはく離も粘性が原因で
ある.

空気や水のように，粘性の小さい流体の流れでは，通常，粘性の
影響を受けるのは物体の表面近くのごく薄い部分に限られる．この
薄い層のことを境界層（きょうかいそう）という（図1.28参照）．そ
して，この層より外側の流れは粘性のない理想流体として取り扱っ
てよい．この領域の流れは主流（しゅりゅう）と呼ばれる.

したがって，翼のような物体に働く摩擦抗力などは，この境界層
内の流れを調べることによって計算することができる（このような
考え方はプラントルによって提案された）.

境界層が生成される理由は次のように考えればよい．すなわち，
粘性のない理想流体では，物体表面で流体は物体に対して相対的に
速度をもって流れる（滑り）ことができるのに対して，粘性のある
流体では，流体は粘性のために物体表面では相対速度ゼロ（付着）

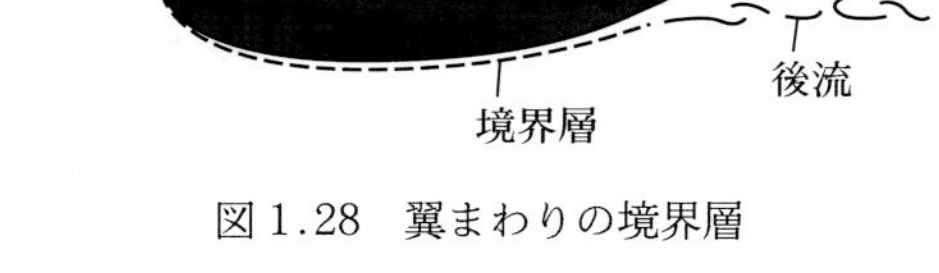

図1.28　翼まわりの境界層

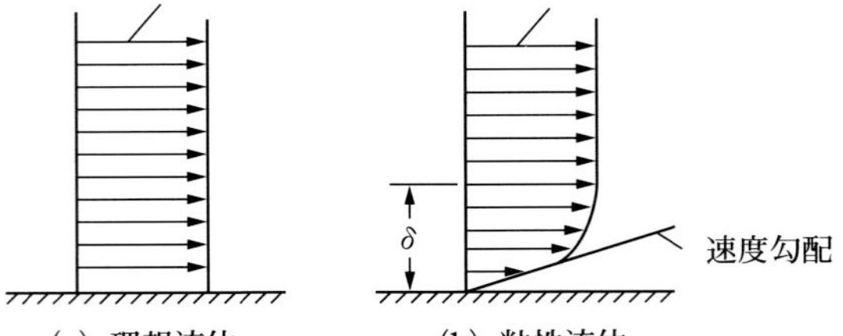

(30) 第1章 低速の流れの中における翼の特性

図1.29 物体の表面付近の流れ

となる．したがって，物体の表面付近では，流れの速度は物体表面に垂直な方向に急激に増大して，外部の流れ（主流）の速度に近づかなければならない（図1.29参照）．

　粘性の小さい流れでは，前述のように，この速度の変化する層の厚み δ は極めて小さいから，逆に流速の変化する割合（速度勾配）は大きい．粘性による摩擦抗力は，一般に粘性係数とこの速度勾配の積に比例するので，この層内では粘性が小さくてもその影響を無視できないことになる（粘性係数は流体の粘性の大きさを表わすが，その詳細については付録1を参照されたい）．

　境界層の理論はこのような考え方で導かれたもので，実用的にも多くの有用な成果を得ている．

　なお翼のような物体の場合には，図1.28に示したように，その後方に境界層が流出して外部の流れ（主流）よりも流速の小さい領域を生じる．これは後流（こうりゅう）または伴流（はんりゅう）と呼ばれ，翼の抗力の原因の一つとなる．

（1）翼の摩擦抗力

　翼の表面付近には境界層を生じるので，この層内の速度分布から摩擦抗力を計算できることがわかった．しかし，翼は上・下面とも

曲面で，その曲率も各点で変化するのが普通であるから，発生する境界層の性質も複雑で，計算が困難な場合が多い．したがって，最初に最も簡単な例として，平面板の表面にできる境界層について調べてみよう．

図1.30に示すように，一様流中に非常に薄い平面板が流れに平行に置かれた場合を考える．平面板の表面は充分滑らかで，一様流の速度も余り大きくないとすると，境界層内の流れは層流（そうりゅう）で，この場合にできる境界層は層流境界層と呼ばれる．

なお，平面板の場合は境界層の外側の主流の速度Vはすべて一定であるから，計算は比較的簡単で厳密解が得られる．

その計算結果によると，層流境界層の厚さδは板の先端からの距離xの平方根に比例して増大する．すなわち，その厚さは板の先端ではゼロで，後方に行くほど厚くなる（図1.31参照）．

一方，境界層内の速度勾配は，図1.30のように層の厚さが薄い板

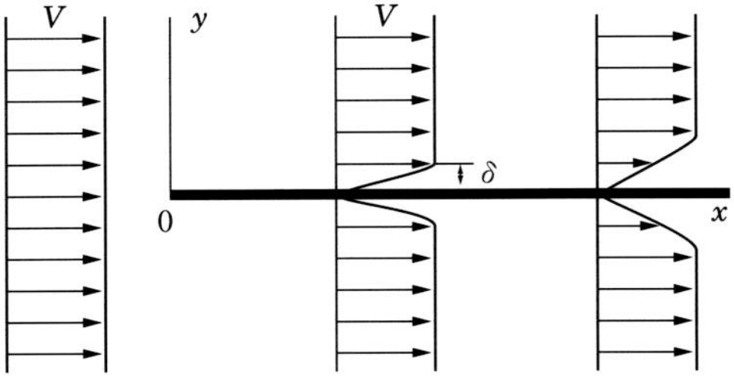

図1.30 平面板の境界層（層流）

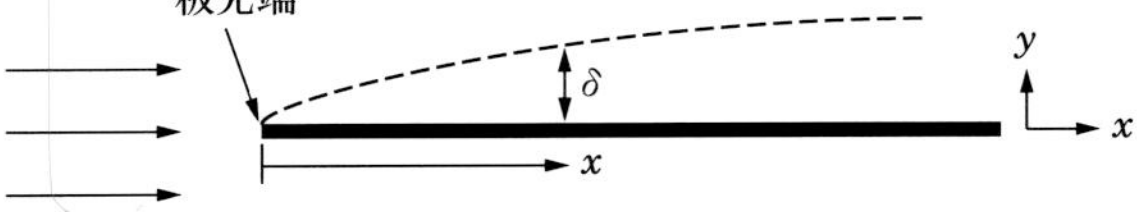

図1.31 平面板の境界層の厚さの変化

（ 32 ） 第1章　低速の流れの中における翼の特性

の前方では大きく後方ほど小さくなる.

　層流境界層では，摩擦応力（単位面積当たりの摩擦力）は粘性係数と速度勾配の積で計算することができるので，板の表面に作用する摩擦応力は x の平方根に反比例して減少する. すなわち，摩擦応力は板の先端付近で大きく，後方に行くほど小さくなる.

　以上の結果を用いて，例えば長さ l（幅は単位幅）の平面板の片面の受ける摩擦抗力を計算すると，次式が得られる.

$$C_f = \frac{1.328}{\sqrt{Re}}$$

ここで，C_f は摩擦抗力係数，Re はレイノルズ数[*]で，それぞれ次式で表わされる.

$$D_f = \frac{1}{2} \rho V^2 l C_f$$

$$Re = \frac{V l}{\nu}$$

なお上式中，D_f は摩擦抗力，ν は動粘性係数である[**].

　この結果はブラジウスの解と呼ばれ，境界層内の流れが層流の場合には，実験結果とよく一致することが確かめられている. 参考のために厳密解で得られた境界層内の速度分布を図1.32に示すが，実験結果ともよく一致することがわかる. ただし図中，縦軸の υ は境界層内の流速，υ_0 は主流の流速で，横軸の η は板に垂直な方向の距離を表わす.

---

[*] レイノルズ数は流体の慣性力と粘性力の比として定義される無次元量で，流体の粘性の影響を調べる場合にしばしば用いられる重要な数である.

[**] 動粘性係数 ν は粘性係数 μ を流体の密度 ρ で割った値であるが，詳しくは付録1を参照されたい.

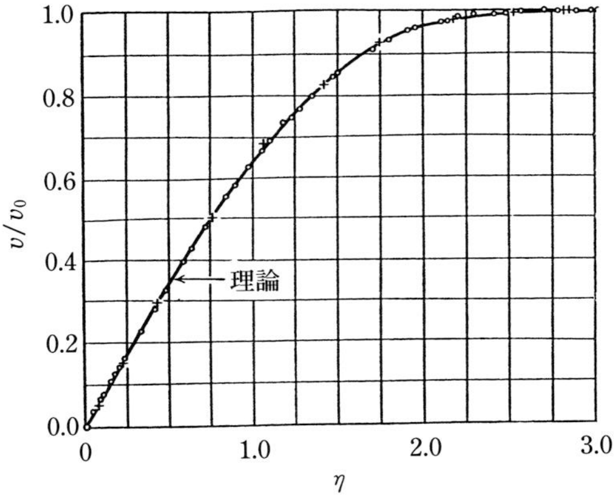

1.4 粘性の影響 （ 33 ）

図 1.32 層流境界層内の速度分布（ブラジウスの解）

　上述の平面板の場合と異なり，翼型のような物体の場合には，境界層外部の主流の流速が上・下面の各点で変化するので，境界層内の速度分布の形状も異なってくる.

　まず，流れが加速される領域（前縁付近）では，表面付近の速度勾配が大きくなるだけでその速度分布の形状はほとんど変化しない. 反対に流れが減速される領域（翼型の中央付近から後縁まで）では，

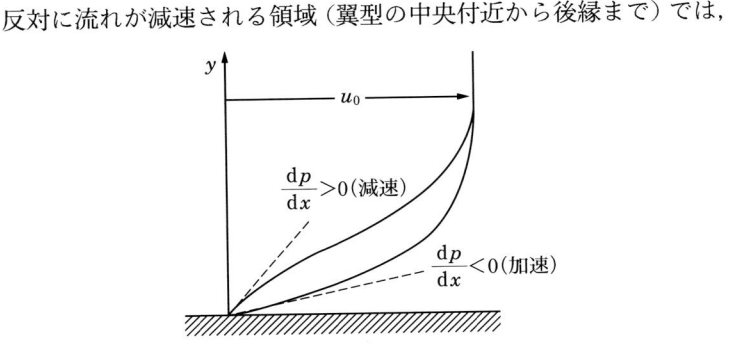

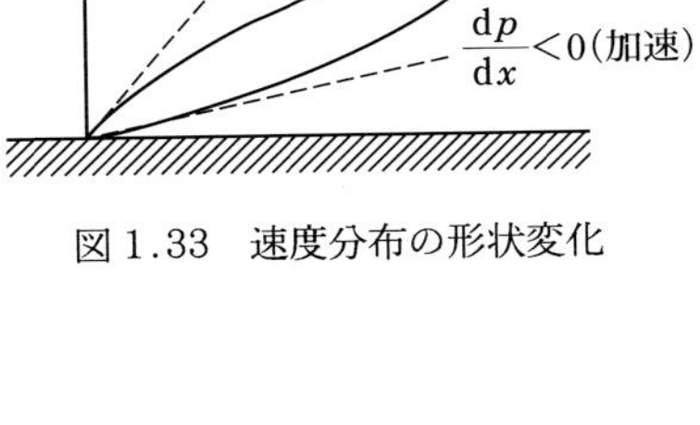

図 1.33 速度分布の形状変化

(34) 第1章 低速の流れの中における翼の特性

表面付近の速度勾配が小さくなって図1.33に示すように，S字形の変曲点のある速度分布が現われる．この傾向は，減速領域の後方では一層著しくなり，ついには翼表面近傍で主流と反対の流れ，すなわち逆流を生じることになる．逆流部では流れが翼表面から離れるので，この現象が流れのはく離である．

　図1.34は，実際に翼型の上面に沿って境界層内の流速分布の形状がどのように変化するかを示したものである．図中，点Sから下流では逆流を生じるので，この点をはく離点と呼ぶ．なお流れがはく離すると，主流の流線は翼の表面から離れ，主流と翼表面の間に乱れた低圧部（はく離領域）が生じるので，揚力は減少し抗力は増大する．この現象が翼の失速である

　以上の説明は，境界層内の流れが層流の場合であるが，一様流の流速が大きくなると，一般に乱流（らんりゅう）としての取扱いが必要になる．例えば，上述の平面板の場合でも，高速の流れが当たると，通常板の前縁付近では層流境界層，板の後方では遷移（せんい）領域を経て乱流境界層になる（図1.35参照）．翼型の場合にもほぼ同様の現象が生じると考えてよい＊．

　比較のために，図1.36に層流境界層内の流速分布と乱流境界層

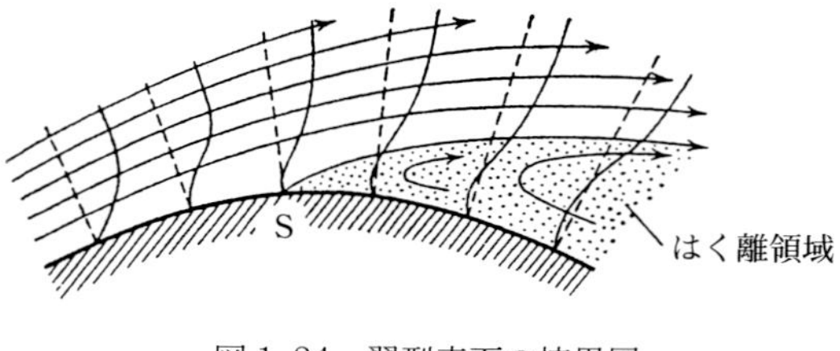

図1.34　翼型表面の境界層

＊ 層流と乱流の性質や相違点，層流から乱流への遷移などについては流体力学の専門書を参照されたい．

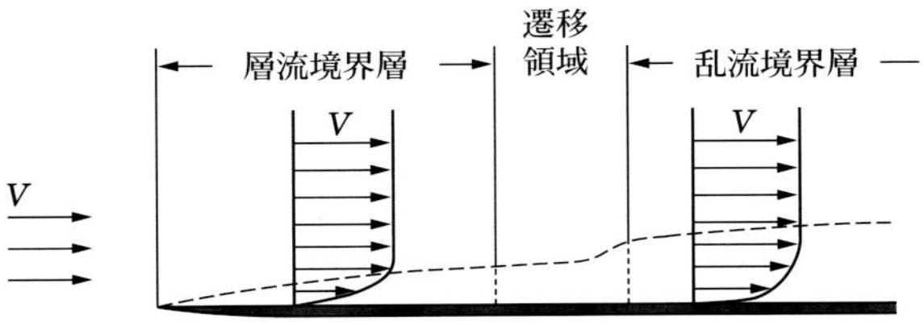

1.4 粘性の影響 （ 35 ）

図 1.35 境界層の遷移

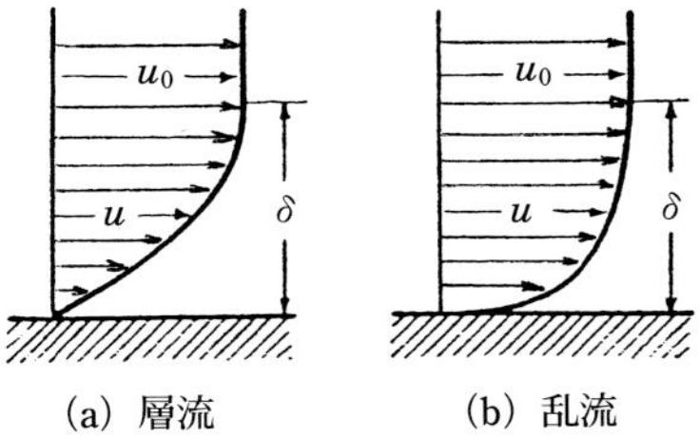

図 1.36 速度分布形状の比較

内の流速分布の形状の違いを示すが，明らかに境界層内の速度勾配
は乱流の場合の方が大きい．したがって，摩擦抗力は層流境界層の
方が乱流境界層より小さくなる．

　既述の層流翼型（例えば NACA 6 シリーズ翼型）はこの性質を利
用したもので，翼型の形状を工夫することによって，高速の気流中
でも翼面上の大部分の領域で層流境界層が保たれるようにして摩擦
抗力を減少させている．

　なお層流境界層は，流れの減速領域ではく離を生じやすいのに対
して，乱流境界層は同じ減速領域でもそれほど容易にはく離を生じ
ないという違いもある．

（2）翼の形状抗力

　前述のように，境界層の厚さは翼の前縁付近では薄いが，後縁に
向かって次第に厚くなるので，翼面からのはく離を生じなくても境

（ 36 ） 第1章　低速の流れの中における翼の特性

界層が後方へ流れ出て，低速の乱れた流れ，すなわち後流を生じる（図 1.28 参照）.

　したがって，粘性による翼の抗力は，既述の境界層内の流れによる摩擦抗力と上述の翼の後縁から流出する後流内の静圧低下による圧力抗力の和として求めることができる．この二つの抗力成分を併せた抗力の値を形状抗力と呼ぶ．

　実際の翼型（二次元翼）の形状抗力は，迎角が小さく，流れが翼面上からはく離しない場合には，上述の境界層の理論をもとに計算することができる．

　例として，形状抗力係数 C_{d0} の計算値と実験値の比較を図 1.37 (a), (b) に示す．図 (a) は 5 字翼型（NACA 23015），(b) は層流翼（NACA 671_1 - 215）の例であるが，両者ともかなりよい一致が見られる．

　実際の翼の形状抗力の大きさはどの程度か，上記の NACA 23015 翼型について計算してみよう．図 1.37 (a) より，迎角を 0°とすると $C_l = 0.1$ であるから，このときの形状抗力係数 $C_{d0} = 0.0065$ としてよい．この翼の翼弦長を 15 cm，風速を 30 m/s とすると，計算式は

$$D_0 = \frac{1}{2} \rho V^2 c C_{d0}$$

であるから，$\rho = 1.205$ kg/m^3 とすると

$$D_0 = 0.529 \text{ N/m} = 0.0539 \text{ kgf/m}$$

となる．すなわち，翼幅が 1 m であれば抗力は約 54 g である．

　比較のために，直径 $d = 1$ mm，長さ $l = 1$ m のピアノ線が同一の風速（$V = 30$ m/s）の気流中にあるときの抗力を計算してみると，

$$D = \frac{1}{2} \rho V^2 d l C_D = 0.542 \text{ N} = 0.0553 \text{ kgf}$$

1.4 粘性の影響　（ 37 ）

となる．ただし，このときのレイノルズ数 $Re = Vd/\nu$ は 1.98×10^3 であるから，よく知られた円柱の抗力係数の変化図（図 1.38）より

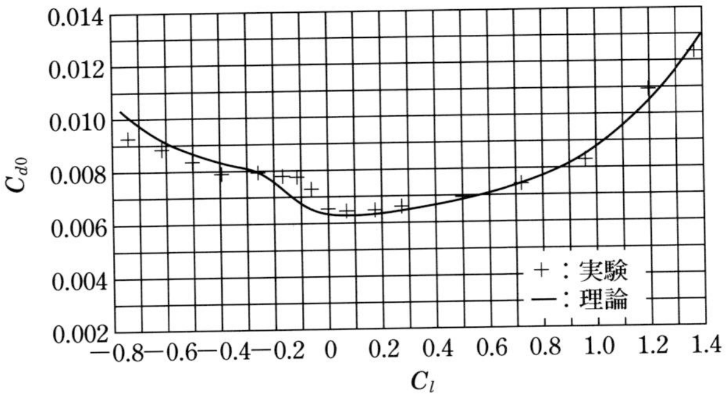

(a)

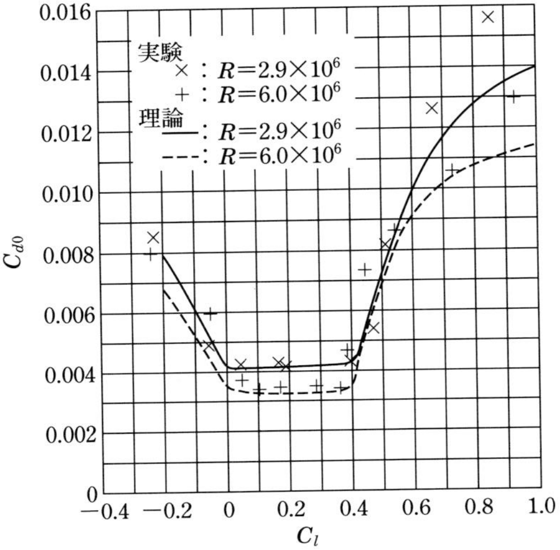

(b)

図 1.37　NACA 翼型の形状抗力（出典：Theory of Wing Sections, Dover Publication, Inc.）

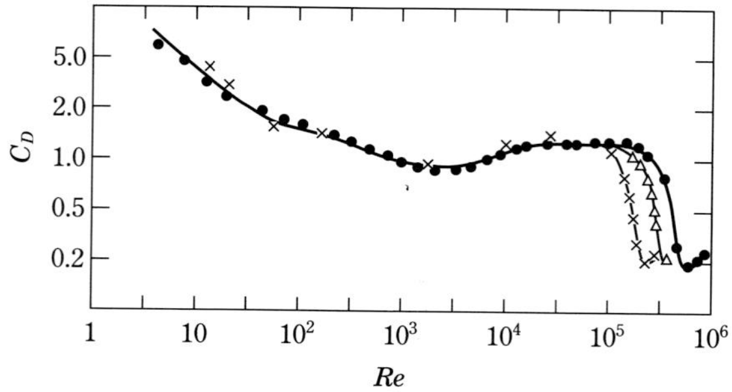

（ 38 ）　第1章　低速の流れの中における翼の特性

図1.38　円柱の抗力係数

$C_D = 1.0$ とした.

　以上の結果から明らかなように，この翼の抗力は同じ長さの太さ 1 mm の細いピアノ線の抗力と同程度で，極めて小さいことがわかる.

（3）高迎角時の特性

　翼は迎角が大きくなると，上面の流れが はく離して失速を生じることがわかった．しかし，失速特性は二次元翼と三次元翼ではかな

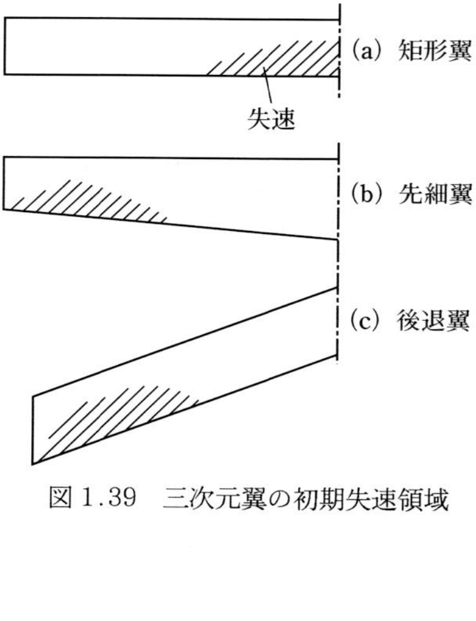

図1.39　三次元翼の初期失速領域

1.4 粘性の影響　（ 39 ）

り相違があり，特に実用的な三次元翼では，その翼の平面形によって失速領域が変化する.

　例えば矩形翼では，翼の付根付近から失速が始まり，迎角が大になると，失速領域が翼の中央から先端に向かって拡大する傾向がある〔図 1.39 (a) 参照〕.

　これに対して先細翼や後退翼では，翼端に近いところから失速が始まる傾向があり，これは翼端失速と呼ばれる〔(図 1.39 (b), (c) 参照〕. 翼端失速を生じると，翼端付近の揚力が減少するので，好ましくないローリングモーメントなどを発生する恐れがある *.

　この翼端失速を防ぐ対策としては，翼端部の迎角が翼の付根部より小さくなるように翼をあらかじめねじって製作する「ねじり下げ」と呼ばれる方法（図 1.40 参照）や，境界層板（きょうかいそうばん）と呼ばれる小板を翼の中央の前縁付近に取り付けて，翼端部の流れのはく離を防ぐ方法（図 1.41 参照）などがよく用いられる.

　翼面上の流れのはく離を積極的に防止するためには，図 1.42 に

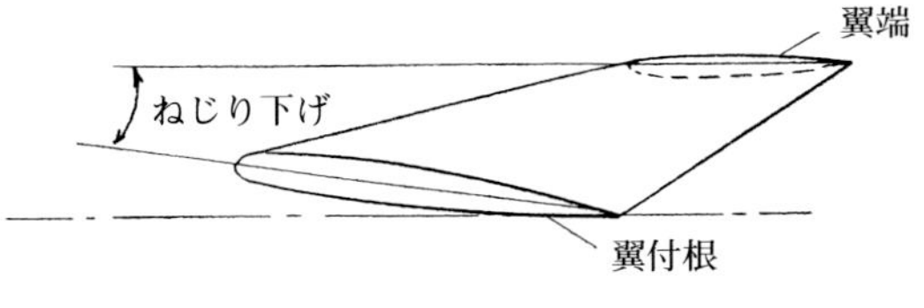

図 1.40　翼のねじり下げ

---

* 飛行機の主翼の場合，左右両翼が同時に失速することは稀で，一方の翼が失速しても他方の翼は失速が遅れるのが普通である. したがって，片方の翼が翼端失速すると，左右両翼の揚力の差によって大きなローリングモーメントを生じることになる.
　翼が失速するのは，低速で迎角の大きな飛行中であるから，もし機体がローリング運動を始めると，急激な下降飛行を伴う恐れがあり，極めて危険である.

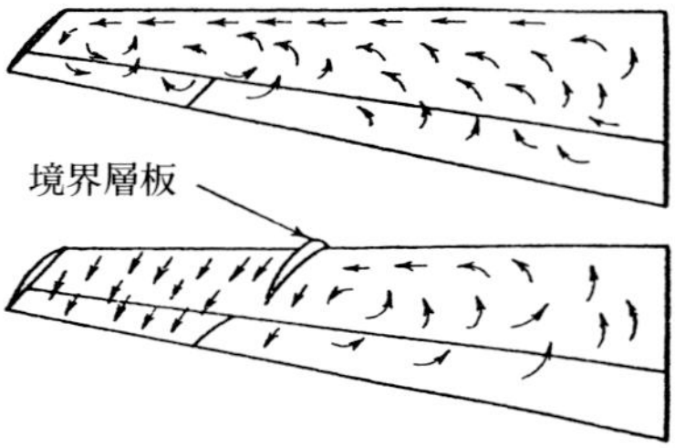

(40) 第1章　低速の流れの中における翼の特性

図1.41　境界層板の効果

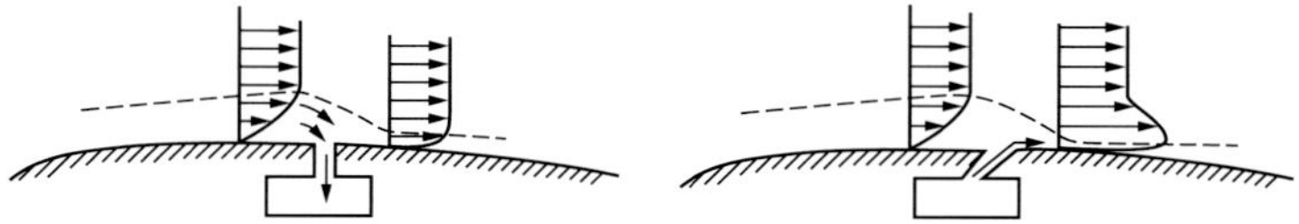

(a) 吸込み翼　　　　　　　　　(b) 吹出し翼

図1.42　境界層の制御

示すように，翼の表面に孔または溝を設け，ここから空気を吸い取ったり吹き出したりする方法が用いられる．その原理は，いずれも翼面上の境界層内の流れにエネルギーを与えることによって，はく離を遅らせたり，はく離領域を縮小できる効果を利用することである．

　これらの方法は極めて有効であるが，高圧の空気源を必要とするなど余分の動力装置を要する上に，機構も複雑になるなど経済性の面で問題があるので，特別の場合（例えば STOL 機 * など）以外に

---

* STOL 機は短距離離着陸機を意味し，同程度の大きさの通常の機体と比較すると，格段に短い地上走行距離で離陸や着陸が可能な飛行機をいう．滑走路面の短いローカル空港に適する機体として，各国で研究開発が行なわれた．わが国では，NAL（航空宇宙技術研究所）で開発された「飛鳥（あすか）」がその例である（図 1.43 参照）．

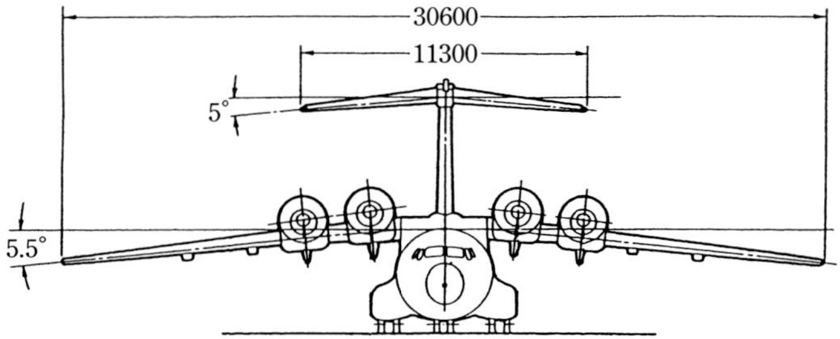

1.4 粘性の影響 (41)

主要設計緒元
　　動力装置　　　　FJR 710 / 600 S × 4 基
　　主翼面積　　　　120.5 m^2
　　設計離陸重量　　38.7 ton
　　STOL 形態推定性能
　　　着陸進入速度　　72 ノット（133 km / h）
　　　着陸進入経路角　－6°
　　　必要滑走路長　　約 900 m
　　巡航速度　　　　約マッハ 0.6
　　航続距離　　　　約 1 600 km

図 1.43　STOL 実験機「飛鳥(あすか)」〔出典：航空宇宙技術研究所（NAL）〕

はほとんど採用されない.

（4）高揚力装置

　翼には失速を生じることなく，できるだけ大きい揚力を発生させることがしばしば要求される．特に，飛行機の離着陸飛行時には，安全性の面から極めて重要である．

　このために用いられる装置を高揚力装置（こうようりょくそうち）と呼び，その代表的なものを図 1.44 に示す．

　図中，フラップは翼の後縁に設けられた可動の舵面で，これを下向きに曲げることによって翼断面の反りを増大し，揚力を増加させる効果がある．

　まず，スプリットフラップは最も簡単なフラップで，主として小

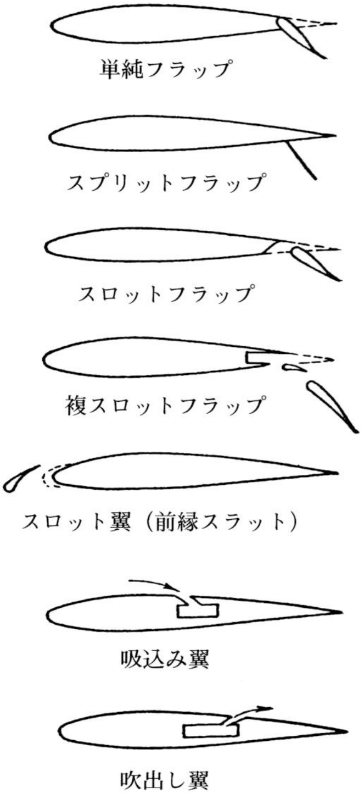

（ 42 ） 第1章　低速の流れの中における翼の特性

単純フラップ

スプリットフラップ

スロットフラップ

複スロットフラップ

スロット翼（前縁スラット）

吸込み翼

吹出し翼

図 1.44　高揚力装置

型の軽量機に使用される．スロットフラップと複スロットフラップ
は中型および大型の機体に用いられ，フラップを降ろしたときにで
きるすき間は，高迎角時にここを通って加速された流れが翼面上の
はく離を防ぎ，失速を遅らせる効果がある．複スロットフラップの
場合には翼弦長の増大による揚力の増大効果もある．前縁スラット
（翼の前縁に取り付けられる小さい翼）も，同様に失速を遅らせる効
果がある．

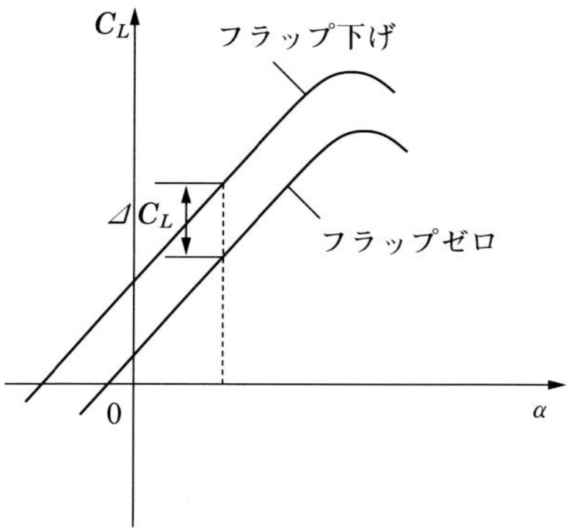

1.4 粘性の影響 （ 43 ）

図1.45　フラップの効果

　したがって，離着陸時に特に大きな揚力が必要な大型輸送機など
では，スラットとスロットフラップを併用している．
　一般に，フラップを一定角度変角したときの揚力曲線の変化を図
1.45 に示す．図のようにフラップの効果は，揚力傾斜を変えること
なく揚力曲線を平行移動させるので，同一の迎角で大きな揚力を発
生することができる．
　高揚力装置ではないが，同様な機構の可動の翼に操縦用舵面があ
る．飛行機の場合には，通常，補助翼，昇降舵および方向舵の3種類
の舵面が用いられるが，いずれも操縦かんと連動していて，パイロ
ットの操作によって上下または左右に変角される．
　操縦舵面の効果は，フラップと同じように，上または下向きに曲
げることによって翼断面の反り線の形状を変化し，翼の揚力を任意
に変えられることである（操縦舵面の詳細については付録3を参照
されたい）．

（ 44 ）

第2章 高速の流れの中における翼の特性

　低速の流れにおいては，空気の圧縮性を無視することができたが，流速が大になると，圧縮性の影響を考慮しなければならない．空気の圧縮性の目安として用いられる重要なパラメータはマッハ数 M であるが，M は流速と音速の比として定義される．通常，$M >$ 0.5（風速では約 150 m／s 以上）では，圧縮性を無視できないと考えてよい．

　したがって，高速時の翼の特性が低速時と異なる主原因は，この圧縮性の効果である（高速時でも粘性の影響は無視できる場合が多い）．

　ここでは，マッハ数が1以下の高亜音速流（流速が音速より小さい）の場合と，1以上の超音速流（流速が音速より大きい）の場合に分けて述べることとする．

2.1 高亜音速流（$M < 1$）中の二次元翼の特性

　圧縮性の影響を考慮すると，低速時のように理想流体の仮定が成り立たないので，翼型のまわりの流れの解を求めることは一般に困難である．

　しかし，翼のような薄い流線型の物体が流れの中にある場合には，その物体によって生じる流れの速度や密度などの変化は充分小さいと考えられる．したがって，これらの変化を小さいと仮定して導かれた近似理論（微小じょう乱理論）を用いると，比較的容易に解を求めることができる．

　図2.1に示すように，速度 V（マッハ数 M）の一様流中に置かれた翼のまわりの流れを上述の近似理論を用いて解いた結果を低速の

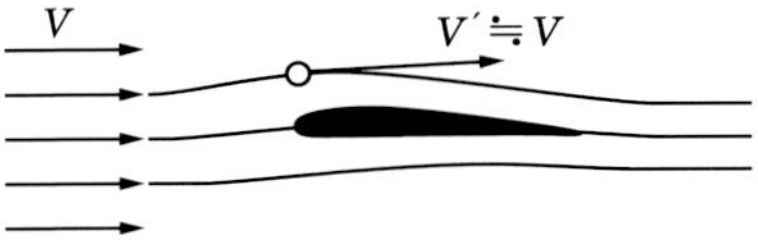

2.1 高亜音速流（$M < 1$）中の二次翼の特性　　（ 45 ）

図 2.1　翼による微小じょう乱

流れ（非圧縮）の場合と比較すると次のようになる.

（1）マッハ数 M の高亜音速流中に置かれた翼の圧力分布と揚力係数は，翼厚比および迎角を $1/\sqrt{1-M^2}$ 倍した翼が低速流中に置かれた場合の圧力分布と揚力係数に等しい. すなわちこの場合は，翼弦長は同一で，翼の厚みを $1/\sqrt{1-M^2}$ 倍だけ厚くした形状の翼を，もとの迎角の $1/\sqrt{1-M^2}$ 倍だけ大きい迎角で低速の流れの中に置けば，同じ圧力分布や揚力係数が得られることになる（図 2.2 参照）.

（2）マッハ数 M の高亜音速流中に置かれた翼の圧力分布と揚力係数は，同一形状の翼を低速流中に同一の迎角で置いたときに生じる圧力分布と揚力係数の値の $1/\sqrt{1-M^2}$ 倍になる.

　上の二つの結果は，プラントル-グロワートの法則と呼ばれる.

　実用的にはこの二つの法則の中，（2）の方が有用である. その理由は，法則（1）のように，マッハ数 M が変化するたびに厚みの変わる翼模型を作ることは極めて面倒であるが，法則（2）では，もとの

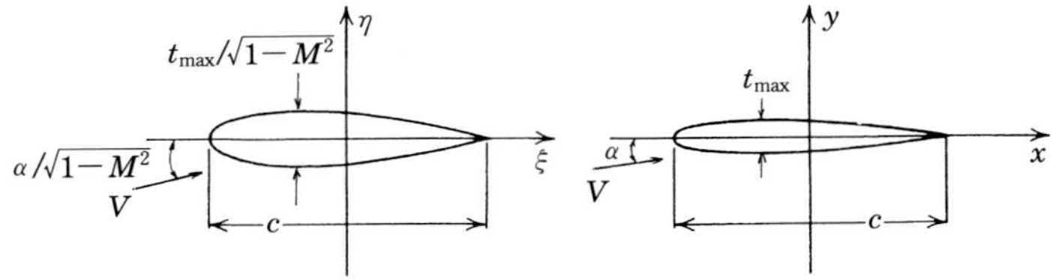

(a) $M \fallingdotseq 0$（非圧縮流）　　　(b) $0 < M < 1$（圧縮流）

図 2.2　プラントル-グロワートの法則

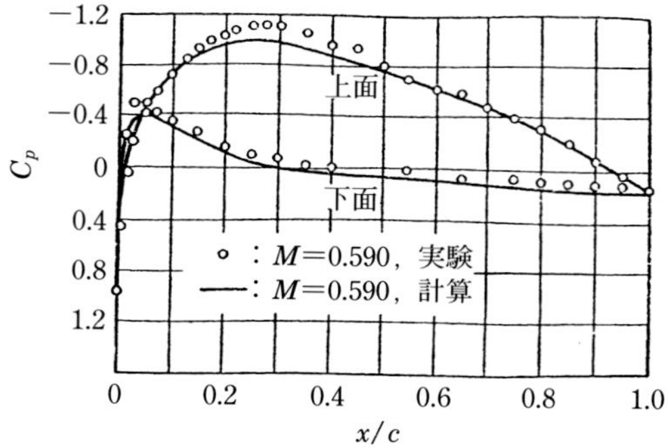

（ 46 ） 第2章　高速の流れの中における翼の特性

-1.2
-0.8
-0.4
上面
C_p
0
下面
0.4
0.8　　　○ ： $M = 0.590$，実験
1.2　　　　　： $M = 0.590$，計算

0　　0.2　　0.4　　0.6　　0.8　　1.0
x/c

図 2.3　NACA 4415 翼型の圧力分布の比較

翼模型の低速流中の実験結果から任意のマッハ数のときの特性を計算で推定することが容易であるからである.

　法則 (2) の応用例として，NACA 4415 翼型の $M = 0.141$（非圧縮）の場合の圧力分布の実験結果から，上述の法則 (2) を用いて $M = 0.590$ の場合の圧力分布を計算し，実験結果と比較したものを図 2.3 に示す. 図のように，両者はかなりよく一致することがわかる.

　なお揚力係数 C_l についても，法則 (2) を適用した場合の計算値と実験値の比較を図 2.4 に示す. 両者は，$M < 0.7$ の範囲内ではかなりよく一致することが認められる. また揚力傾斜や抗力係数などについても，揚力係数と同様な変化の傾向があることが調べられているので，図には C_d や $C_{m(1/4)c}$ の場合の比較も示されている.

　しかし，図 2.4 の実験結果から明らかなように，$M > 0.7$ になると，C_l の値は逆に急激に減少し，C_d の値は急激に増大していずれも上述の理論と合わなくなる.

　この理由は，一様流のマッハ数が大きくなると，翼表面の加速領域で流速が局所的に音速に達し，その背後には超音速領域ができる

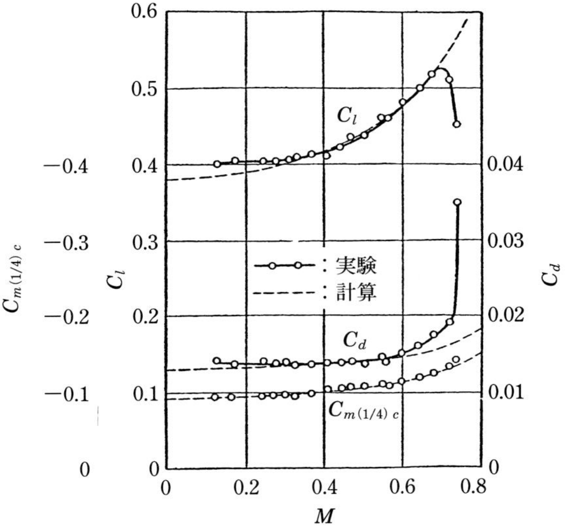

2.1 高亜音速流（$M < 1$）中の二次元翼の特性　　（ 47 ）

図 2.4　実験値と理論値との比較

ためである．そして，この超音速の流れはまた減速されて元の亜音
速に戻るが，その部分に衝撃波（しょうげきは）* を生じる．

　この超音速領域は，通常，マッハ数 M が 0.7 を越えると発生し，
マッハ数 M が大になるほど大きくなり，衝撃波も強くなる（図 2.5
参照）．

　この衝撃波の背後では，図 2.6 に示すように，流れが翼の表面か
らはがれて失速に似た現象を生じる．これは造波失速（ぞうはしっそ
く）と呼ばれ，揚力係数 C_l の急激な減少や抗力係数 C_d の急激な増
大はいずれもこの現象によるものである．

---

* 衝撃波は，圧力が不連続に増大する極めて薄い波面と考えてよい（詳細な
　説明は次節で述べる）．

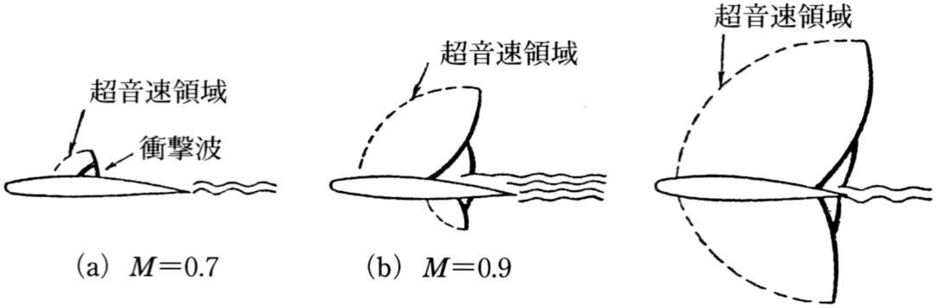

（ 48 ）　第2章　高速の流れの中における翼の特性

(a) $M=0.7$　　(b) $M=0.9$　　(c) $M=0.96$

図2.5　遷音速流（$M<1$）

図2.6　造波失速

このように，翼のまわりに亜音速流の領域と超音速流の領域が混在する流れを遷音速流（せんおんそくりゅう）と呼ぶ.

なお，C_l や C_d の急激な変化を生じるときの一様流のマッハ数を臨界マッハ数という. 上述のように，流速が臨界マッハ数に達すると翼の性能が著しく悪化するので，翼は常にその翼の臨界マッハ数以下で使用しなければならない. したがって，翼の高速性能を向上させるためには，その臨界マッハ数をできるだけ高くすることが必要である.

その対策の一例として，よく知られた翼型に超臨界（スーパークリティカル）翼型がある. この翼型の特徴は，図2.7 (a) に示すように，前縁半径を小さくし，翼上面のわん曲の度合を緩やかにすることによって，超音速流を生じても徐々に減速するので，衝撃波は非常に弱く，造波失速の影響も小さいことである.

この翼型による抗力の臨界マッハ数の増大効果は，図2.7 (b) の

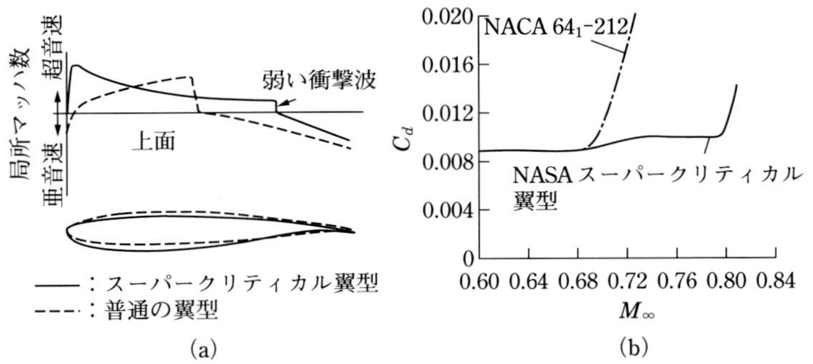

2.1 高亜音速流（$M < 1$）中の二次元翼の特性　（ 49 ）

——：スーパークリティカル翼型
----：普通の翼型

(a)

(b)

図 2.7　スーパークリティカル翼型

ように通常の翼型の臨界マッハ数が 0.7 付近であるのに対して，この翼型を用いるとその値が 0.8 以上まで高くなることがわかる．

　臨界マッハ数を増大させるより効果的な方法は，翼に後退角を付けることである．その理由を明らかにするために，まず後退角が翼の空力特性に及ぼす一般的な効果について調べてみよう．

　図 2.8 に示すように，後退角 Λ の二次元翼に速度 V の一様流が

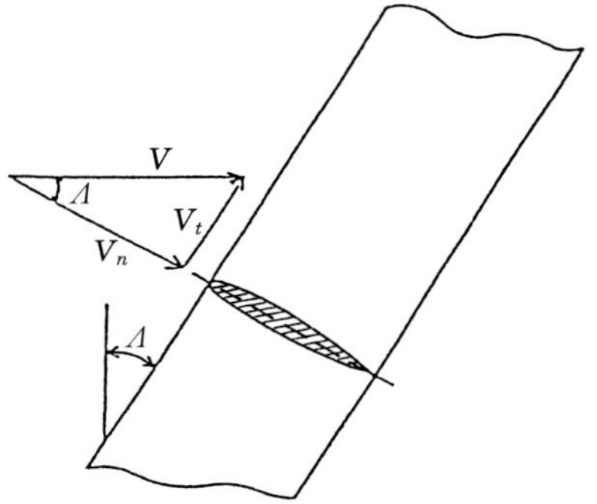

図 2.8　後退翼の空力特性

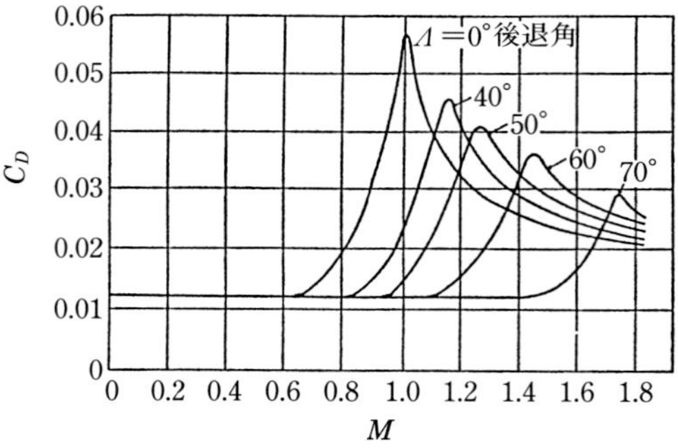

（ 50 ）　第2章　高速の流れの中における翼の特性

図2.9　後退角の効果

当たるものとすると，この場合翼に生じる空気力は前縁に垂直な分速度 $V_n{}'$ のみに依存し，前縁に平行な分速度 V_t は無関係と考えてよい．図より $V_n = V\cos\Lambda$ であるから，一様流のマッハ数を M とすると，この後退翼の有効なマッハ数は $M\cos\Lambda$ である．

　これは，後退角ゼロの二次元翼がマッハ数 $M\cos\Lambda$ の一様流中に置かれた場合と同じ空力特性を示すことを意味し，したがって，後退翼の臨界マッハ数は後退角ゼロの場合より大きくなることが予想される．

　例として，抗力の臨界マッハ数の後退角による変化を図2.9に示す．明らかに後退角によって顕著な改善が認められる．

　この効果は三次元翼についても同様である（前進翼についても同様の理論が成り立つとしてよい）．

　しかし後退翼を採用すると，揚力や抗力の特性も大きく変化することに注意する必要がある．すなわち，後退角によって有効な流速が減少するため，同一の迎角で生じる揚力は小さくなる．また揚力傾斜も小になる．したがって，図2.10に示すように，後退翼では同一の揚力を生じるために，後退角ゼロの場合より大きい迎角を必要

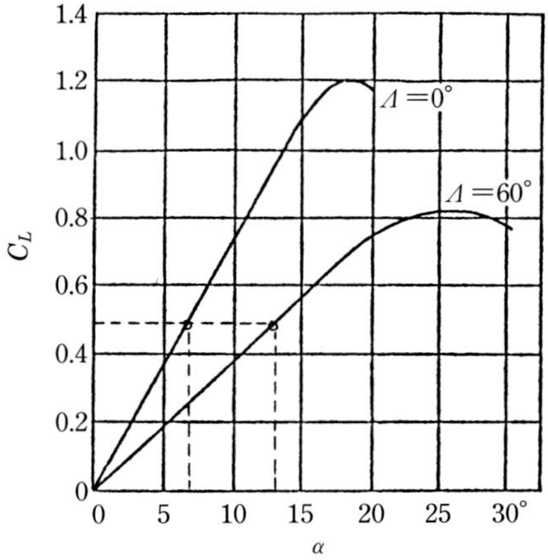

2.2 超音速流（$M > 1$）中の二次元翼の特性　　（ 51 ）

図 2.10　後退角による揚力傾斜の変化

とする[*].

　この後退翼の特性は，飛行機の着陸時のように低速で大きな揚力を必要とする飛行には不利である．したがって，翼の後退角は高速時の性能のみならず低速時の要求も考慮して決定されなければならない．

2.2　超音速流（$M > 1$）中の二次元翼の特性

　前節で述べた高亜音速流（$M < 1$）の場合には，圧縮性の影響を考慮するだけで低速時と流れの性質は本質的には変わらない．

　しかし超音速流（$M > 1$）の場合には，微小じょう乱の仮定が成り立つ翼のような物体まわりの流れでも，流れの性質が本質的に変

---

[*]　後退角の大きな三角翼（オージー翼）をもつ超音速旅客機コンコルドの機首が離着陸時に下向きに曲げられるのは，過大な迎角によるパイロットの視界の悪化を改善するためである．

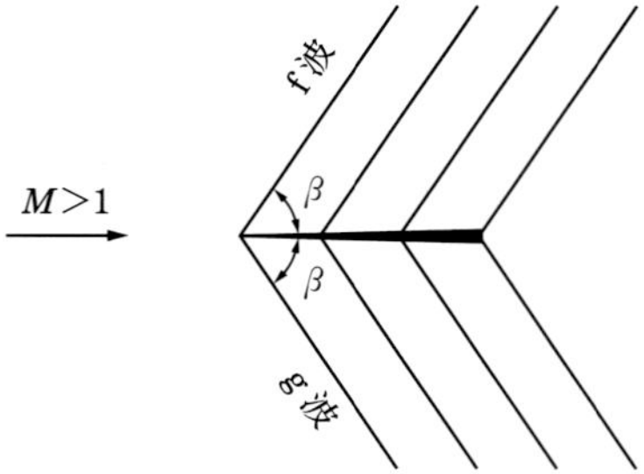

（ 52 ） 第2章　高速の流れの中における翼の特性

図2.11　マッハ波

わるので，まずその特性の変化について調べておく必要がある．

　例えば，図2.11に示すように，極めて薄い平板がマッハ数 M （$M > 1$）の一様流中に流れに平行に置かれたとすると，周知のように，板の先端や表面の微細な凹凸から生じる微小な乱れは直線 f および直線 g に沿って伝播し，これらの直線より前方には伝わらない．この直線はマッハ波またはマッハ線と呼ばれ，その傾き角 β はマッハ角という．マッハ角 β とマッハ数 M の間には $\sin \beta = 1/M$ の関係がある．

　マッハ角 β のマッハ数 M による変化を計算してみると，次のようになる．

M	β
1.25	53.3°
1.50	41.8°
1.75	34.9°
2.0	29.9°
2.5	23.5°
3.0	19.5°

　上の表から明らかなように，マッハ角 β は超音速流の速度が小さいときほど大きく，流速が大きくなると小さくなることがわかる．

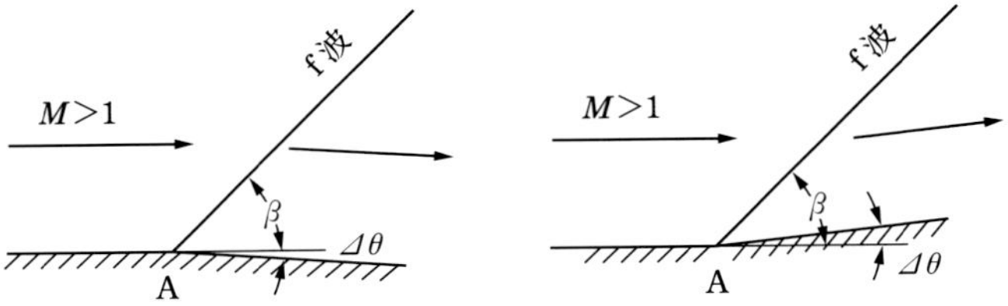

2.2 超音速流（$M > 1$）中の二次元翼の特性　（ 53 ）

図 2.12　曲がり壁の角から生じるマッハ数

　次に，マッハ数 M の一様な超音速流が滑らかな平面上を流れていて，かど A で微小角 $\varDelta\theta$ だけ曲げられる場合を考えてみよう（図2.12 参照）．

　この場合には，曲がりかど A から生じるマッハ波は f 波のみで，曲がり角の影響による乱れはこの f 波に沿って伝播する．そして上流の流れは，この波面に到達するまでは何の影響も受けない．

　流れの曲がり角度 $\varDelta\theta$ は極めて小さいので，マッハ波の下流では流れの速度，密度などの諸量は微小量だけ変化する．そして，下流側の流れは曲がった壁面に平行に流れることになる．なお，$\varDelta\theta$ は流れの偏角（へんかく）と呼ばれる．

　いま，図 2.12（a）のように下流側の面が時計回りに曲げられた場合（凸面壁）について調べてみよう．計算の結果によると，マッハ波の波面を通り過ぎた流れは加速されて流速が大になり，したがって圧力は減少する．

　反対に，図（b）のように反時計方向に曲げられた場合（凹面壁）には，波面を通り過ぎた流れは減速されて圧力が増大する．したがって，前者は膨張波（ぼうちょうは），後者は圧縮波（あっしゅくは）と呼ばれる．

　この壁に沿う流れの応用例として，一様な超音速流中に微小な迎

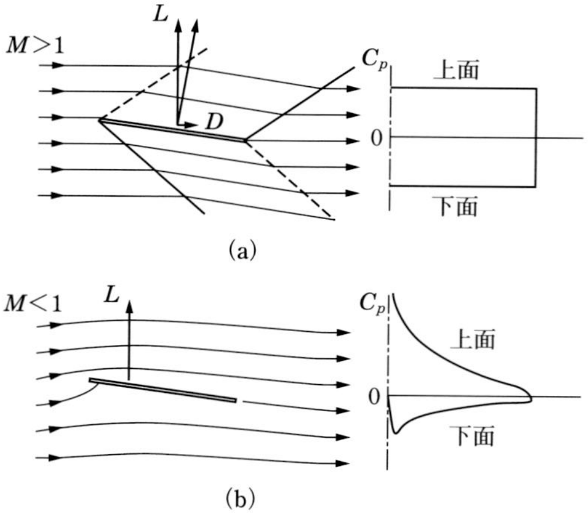

(54)　第2章　高速の流れの中における翼の特性

図2.13　二次元平面翼の圧力分布

角で置かれた二次元平面翼について考えると，この翼に当たった流れは，図2.13 (a) に示すように，上面は凸面壁と同じ膨張波，下面は凹面壁と同じ圧縮波によって曲げられて，上・下面に平行な流れを生じる．そして翼の後縁では，逆に上面は圧縮波，下面は膨張波によって元の一様流の方向の流れに戻る．

　このときの翼の上面に働く圧力は負，下面に働く圧力は正で，その大きさは等しく，したがって，その圧力の和がこの翼に作用する空気力となる．

　この空気力は翼面に垂直に働くので，これを一様流に垂直な力と平行な力に分けることができる．前者は揚力 L，後者は抗力 D であるから，超音速流中では粘性を無視しても抗力が発生することになる．これは，流れの中にマッハ波を作るためで，造波抗力の一種である．

　計算の結果によると，この平面翼に生じる揚力は迎角 α に比例し

て増大し，また揚力係数 C_l の値は $\sqrt{M^2-1}$ に反比例して変化する．すなわち，C_l はマッハ数 M が大きくなると減少することになる（このような超音速翼の理論をアッケレーの理論という）．

なお図2.13 (b) には，比較のために平面翼が亜音速流（$M<1$）中に小迎角で置かれたときの翼面上の圧力分布を示した．(a)，(b) 両図の圧力分布の形状がまったく異なるのは，既述のように流れの性質が本質的に変化したためである．

また，亜音速の翼では圧力中心は前縁から $(1/4)\,c$ 後方の点であったが，超音速では，図から明らかなように圧力中心は前縁から $(1/2)\,c$ のところにあることも注意を要する．

図2.14 は，以上の結果をまとめてマッハ数による二次元翼の揚力係数 C_l と抗力係数 C_d の変化を示したものである．

まず亜音速領域（$M<1$）では，既述のプラントル–グロワートの法則，超音速領域では（$M>1$）上述のアッケレーの理論がよい近似を与えることは明らかである．ただし，図中の ABCE の部分は遷音速領域で，この領域では両方の理論が成り立たないことを示している．

なお，参考のために超音速（$M>1$）の場合の遷音速流中における翼の付近の流れの例を図2.15 に示した．

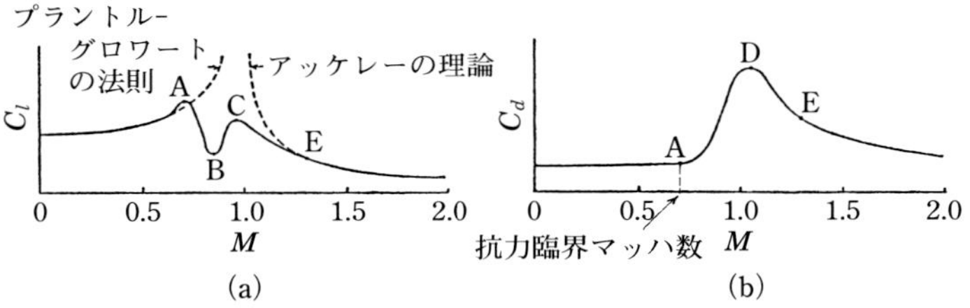

図2.14 二次元翼の揚力係数と抗力係数のマッハ数による変化

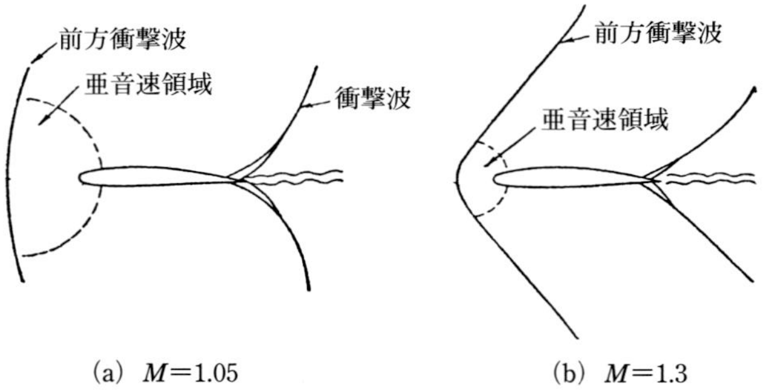

（ 56 ） 第2章　高速の流れの中における翼の特性

（a）$M=1.05$　　　　　　　　　　（b）$M=1.3$

図2.15　遷音速流（$M>1$）

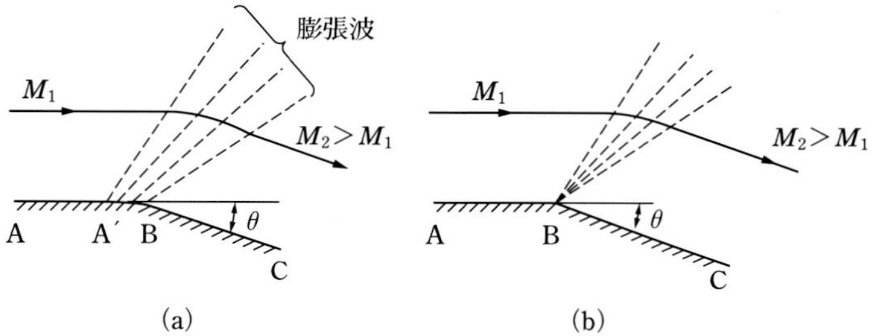

（a）　　　　　　　　　　（b）

図2.16　凸面壁上の超音速流

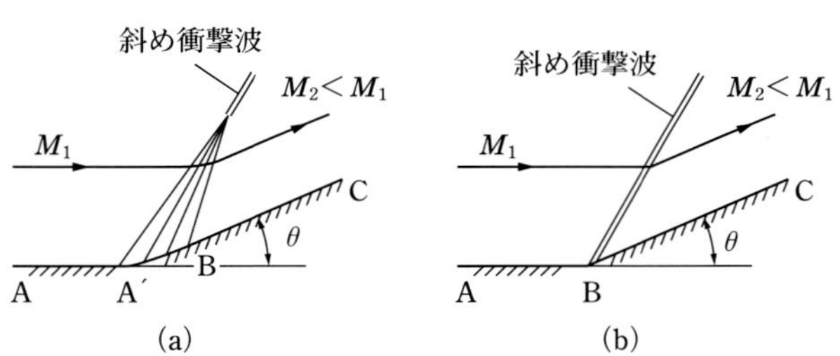

（a）　　　　　　　　　　（b）

図2.17　凹面壁上の超音速流

2.2 超音速流（$M > 1$）中の二次元翼の特性　（ 57 ）

次に超音速流がかどで曲げられる場合に，偏角が微小ではなく，かなり大きいときについて調べてみよう．

まず図2.16（a）のように，滑らかな曲面の凸面壁の場合には，曲面を微小な偏角の集まりと考えると，その面上の各点から多数の膨張波が発生し，流れはこれらの膨張波をとおして徐々に曲がりながら加速され，最終的に面 BC に沿って流れる．

同図（b）のように，偏角 θ の鋭いかどをもつ凸面壁の場合には，したがって流れはかど B から発生する拡がった扇状の膨張波によって曲げられ加速される．

一方，図2.17（a）のように，滑らかな曲面の凹面壁の場合には，凸面壁の場合と同様に曲面上の各点から圧縮波が発生するが，これらの圧縮波は図のように壁から離れたところで交差し，強められて斜め衝撃波（ななめしょうげきは）が形成される．

したがって，同図（b）のように鋭いかどの凹面壁の場合には，そのかどから斜め衝撃波が発生して流れは曲げられ減速される．

このように凸面壁の場合には，多数の膨張波によって流れが徐々に加速されるのに対して，凹面壁では衝撃波によって一気に減速され，曲げられることになる．

衝撃波はマッハ波と異なり，強い圧力変化を伴う不連続面で，進行速度もマッハ波より大きく，容易に減衰せずに遠方まで到達する．超音速で飛行する航空機から生じる衝撃波が地上に到達すると，強い衝撃音（ソニックブーム）を発することはよく知られている．

この斜め衝撃波を生じる流れを上下対称に考えると，これは頂角が 2θ のくさび形の物体を過ぎる流れと同じである（図2.18参照）．

したがって，この斜め衝撃波と前述の扇形の膨張波の適当な組合

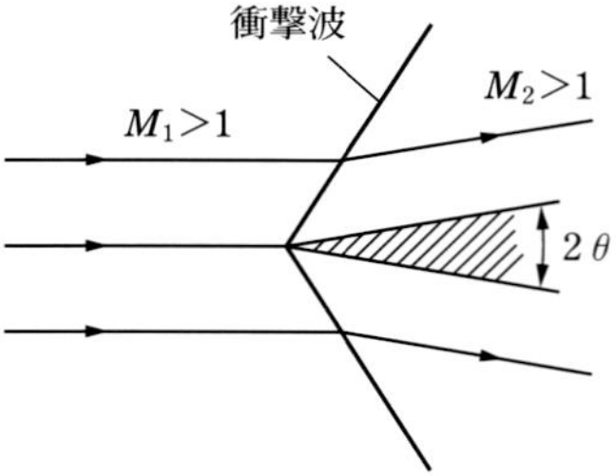

（ 58 ） 第2章　高速の流れの中における翼の特性

衝撃波

$M_1 > 1$

$M_2 > 1$

2θ

図 2.18　くさび型の二次元物体
を過ぎる超音速流

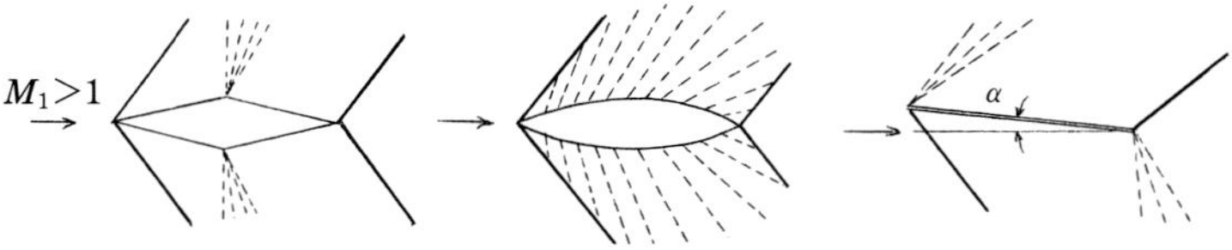

$M_1 > 1$

(a) 対称菱形翼

(b) レンズ翼

α

(c) 平面翼

図 2.19　超音速流中の二次元翼

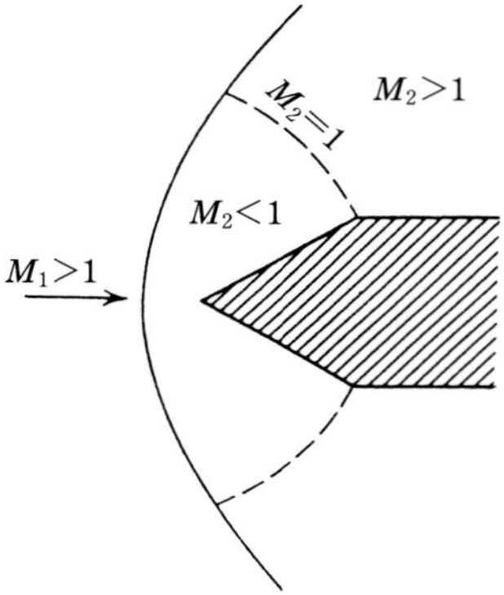

$M_2 = 1$

$M_2 > 1$

$M_2 < 1$

$M_1 > 1$

図 2.20　離脱衝撃波

せによって任意の形状の二次元翼のまわりの超音速流れを求めることができる．例として，図 2.19 に（a）対称菱形翼，（b）レンズ翼，（c）平面翼のまわりの流れの様子を示した．

以上の考察では，衝撃波が翼の前縁に付着する場合について調べたが，斜め衝撃波の理論によると，衝撃波によって曲げられる偏角 θ の大きさには限界がある．したがって，頂角 2θ が極めて大きい（先端が鈍い形状の物体）場合には，衝撃波は翼の先端から離れて図 2.20 に示すように，前方に曲がった衝撃波を生じる．このような衝撃波を離脱衝撃波（りだつしょうげきは）という．

離脱衝撃波を生じると，抗力が増大するなど翼の空力特性が悪くなることが知られている．そのために，超音速用の翼型には上述のように鋭く尖った前縁を採用し，離脱衝撃波を生じないように配慮している．

2.3 高速の流れの中における三次元翼の特性

高速（高亜音速および超音速）用の翼の場合にも，三次元翼は二次元翼と異なった特性を示すことが少なくないので，その影響を調べることが必要である．

（1）高亜音速（$M < 1$）の場合

三次元翼の高亜音速流中における特性は，低速の場合と同様に，二次元翼の特性から推定することができる．

流れの特性は低速の場合と変わらないから，翼端渦による誘導抗力や循環のだ円分布の影響などは同じで，低速時の関係がそのまま成り立つとしてよい．

したがって，問題はマッハ数 M の影響だけであるから，その M の変化による揚力係数や揚力傾斜の変化を推定する実用的な計算式が提案されている．例えば，アスペクト比が比較的大きい場合

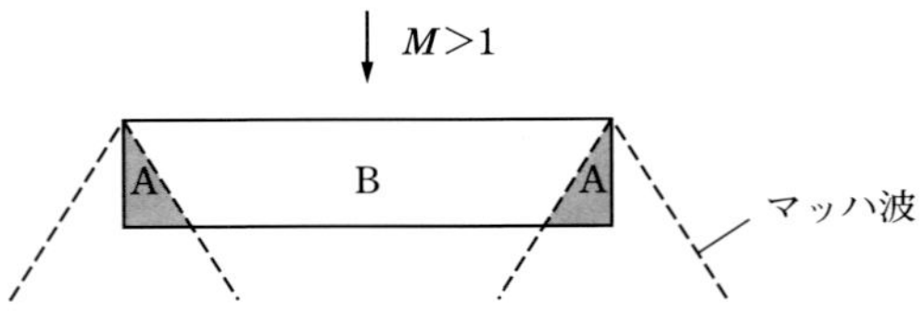

(60) 第2章 高速の流れの中における翼の特性

図2.21 矩形翼の翼端の影響（超音速流）

（$\lambda \geq 6$）のゲテルトの式や，アスペクト比の小さい翼（$\lambda \fallingdotseq 1$）の場合のマルソップの式などがよく知られている（詳細は専門書を参照されたい）.

（2）超音速（$M > 1$）の場合

超音速流では，亜音速の場合と異なり翼によって影響される領域が限られるので，三次元翼の場合にも二次元翼の結果を適用できることが多い.

例えば，図2.21に示す矩形翼では，翼端の影響を受けるのは両翼端からでるマッハ波の内部のみであるから，図の網点の部分（A）を除く翼の内側の部分（B）は翼端の影響を受けないので，二次元翼と同じ特性をもつ. すなわち，B部に生じる揚力は二次元の場合と同一であるが，A部では揚力が減少することになる.

このように翼端の影響は，亜音速流の場合と同様に揚力を減少させるが，その原因はまったく別の現象によることがわかる. そして超音速流では，翼のアスペクト比と一様流のマッハ数の大きさが重要である.

例えば，翼のアスペクト比が同一であれば，マッハ数が大きいほど翼端の影響は小さくなる. その理由は，もちろん翼端のマッハ波の領域が狭くなるためである. また，逆に一様流のマッハ数が同じであれば，アスペクト比の大きい翼ほど翼端の影響は小さくなる. したがって，アスペクト比の大きな翼がマッハ数の大きい流れの中

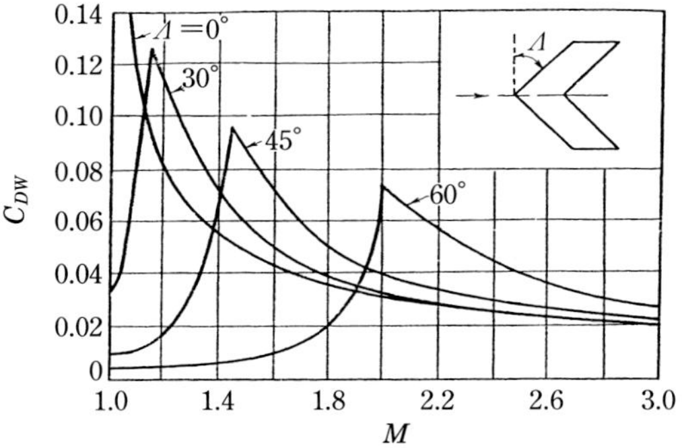

2.3 高速の流れの中における三次元翼の特性 （ 61 ）

図 2.22　造波抗力に及ぼす後退角の効果

にあるときほど，その特性は二次元翼の特性に近くなると考えてよい．

　超音速においても翼に後退角を付けると，造波抗力を減少させるのに有効なことはよく知られている．

　一例として，図 2.22 に後退角 Λ の後退翼の造波抗力係数 C_{DW} とマッハ数 M との関係を示す．図のように，翼の尖った前縁の中央部からでるマッハ線と左右両翼の前縁線が一致するとき C_{DW} は最大となり，マッハ数がその値より大きくても小さくても C_{DW} は減少する．特に，この最大抗力係数の生じるマッハ数より小さいマッハ数の範囲で減少の傾向が著しいので，マッハ波が常に翼の前縁の前方にあるように後退角を付けると，造波抗力の減少に有効であることがわかる．

　既述のように，超音速用の翼として後退角の大きい三角翼（デルタ翼）が用いられることが多いので，この翼の特性についても調べておこう．

　前縁が鋭く尖った三角翼は，迎角が大きくなると翼の前縁から流れがはく離し，翼の先端から前縁に沿って強い渦を生じる．この渦

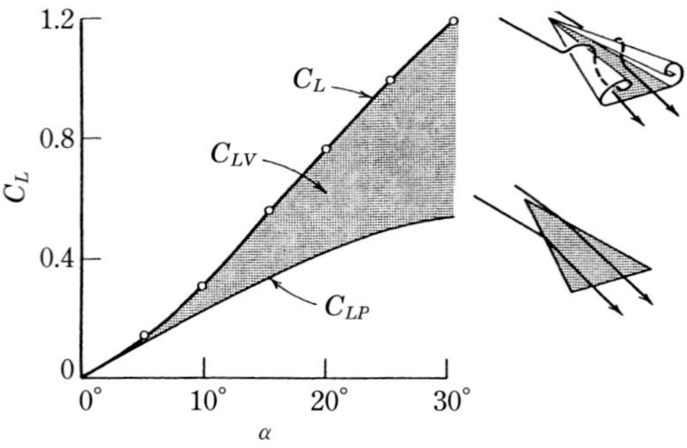

（ 62 ）　第2章　高速の流れの中における翼の特性

図2.23　デルタ翼の揚力

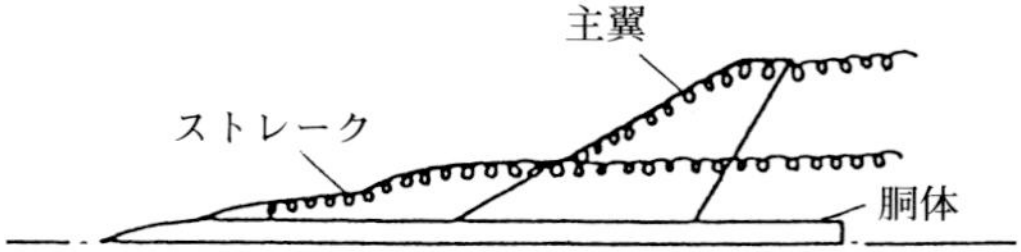

図2.24　ストレークの効果

のために，翼の上面の圧力が低くなるので揚力は増すことになる．
この揚力の増加分は渦揚力（うずようりょく）と呼ばれる．

　すなわち，図2.23に示すように，迎角が小さいとき（$\alpha < 5°$）に
は渦揚力 C_{LV} は生じないが，迎角が大（$\alpha > 10°$）になると C_{LV} の
増加分が著しいことがわかる．

　この三角翼に生じる渦揚力を積極的に利用するために，主翼の前
方にストレークと呼ばれる小さな三角翼を取り付ける方法が高速機
に採用されている（図2.24参照）．また，超音速旅客機コンコルド
のオージー翼もその例と考えてよい．

（ 63 ）

第3章　翼の弾性変形の影響

　これまでの議論では，翼は変形しないものとして取り扱ってきたが，実際の翼は弾性体であるから外力が加わると変形する．

　翼は予想される外力，すなわち空気力に対して充分強固に設計，製作されているので，通常 その弾性変形は小さい．しかし既述のように，翼の揚力はわずかな迎角の変化によって大きく変わる特性があり，特に高速時にはその変化が一層顕著である．

　翼は，一般に薄くて長い平板に近い形状をもつので，力が加わると，比較的曲げやねじれの変形が起こりやすい．最近は，FRP（繊維強化プラスチック）のような強靱ではあるが変形しやすい材料が使用されることも多いので，この傾向はさらに著しい．

　このように，飛行中翼が空気力によって曲げやねじれを生じ，そのために迎角が増大して余分の揚力が発生し，この揚力によってさらに変形が加わるという循環現象が起こると，最悪の場合には翼が破壊される恐れもある．この種の弾性変形と空気力が連成して生じる種々の現象を総称して，空力弾性（くうりきだんせい）問題という．

　翼の空力弾性に関連する諸問題は古くから多数知られているが，ここではそのうち静的な問題の代表例としてダイバージェンス，振動的な問題の代表例としてフラッタについて述べることとする．

3.1　翼のダイバージェンス

　翼のダイバージェンスは，ねじれ発散または捻屈（ねんくつ）とも呼ばれるが，その現象を説明するため最初に簡単な例として，図3.1 のような片持ちの矩形翼を考えよう．

　図のように，翼端の前縁 A に集中荷重 P を加えたとすると，この

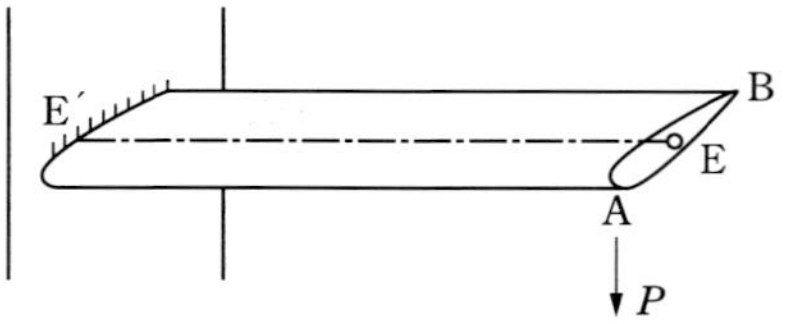

（ 64 ）　第3章　翼の弾性変形の影響

図3.1　矩形翼の弾性軸

翼には曲げによる変形とねじりによる変形が同時に生じ，前縁は後縁 B より大きく下向きにたわむ．荷重の着力点が反対に後縁 B の付近であれば，逆の変形が生じる．

　しかし，着力点が前縁と後縁の中間の適当な位置の場合には，翼は曲げによるたわみだけが生じ，ねじれは生じない．この点を E とすると，矩形翼では E を通って前後縁に平行な軸 EE′ 上では，常に力が加わってもねじれを生じない．この軸は弾性軸（だんせいじく）と呼ばれる．

　先細翼や後退翼のような形状の翼でも弾性軸は存在する．ただし，その位置を決定することは矩形翼のように簡単ではなく，通常，構造力学による計算が必要である．

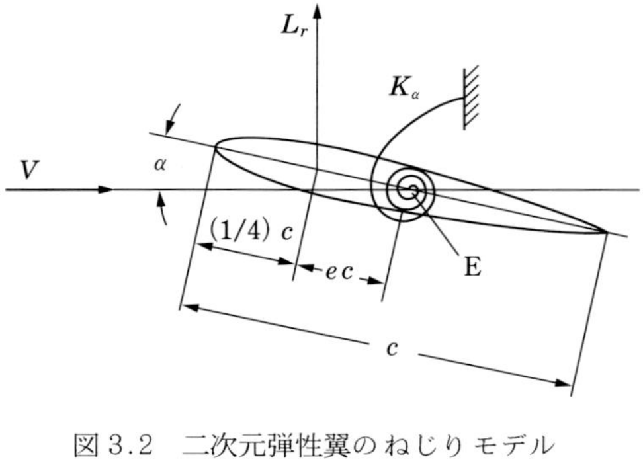

図3.2　二次元弾性翼のねじりモデル

3.1 翼のダイバージェンス　（ 65 ）

　いま，最も簡単な二次元の弾性翼として，図 3.2 のような翼モデルを考える．

　このモデルでは，翼の弾性変形としてねじれのみを考慮するために，この翼は弾性軸に相当する位置 E を中心に回転できるように支持されているものとする．ただし，翼を支持するばねのねじり剛性を K_α とする．

　この翼が，図のように速度 V の一様流中に迎角 α で置かれたとすると，翼には揚力 L_r が生じるが，この揚力は翼の $(1/4)c$ 点に作用する．一般に，翼の弾性軸は $(1/4)c$ 点より後方にあるので，その距離を ec とすると，揚力 L_r は点 E のまわりにモーメント $L_r ec$ を生じるので翼は回転する．このときに生じる回転角が翼のねじれ角に相当するので，その大きさを θ_0 とすると，このねじれによって迎角が θ_0 だけ増大することになる．

　迎角が θ_0 だけ増大すると，揚力も θ_0 に比例して増大するので，翼はさらに θ_1 だけ回転する．したがって，同様の回転を繰り返して，最終的にこの翼は

$$\theta = \alpha + \theta_0 + \theta_1 + \cdots\cdots$$

で計算される迎角 θ に落ち着くことになる．

　しかし風速 V が大きくなると，このつり合い迎角 θ は次第に大となり，V がある値以上になると，θ は無限大になることが予想される．すなわち，翼は破壊することになる．このような現象をダイバージェンスという．そして，ダイバージェンスを生じる最小の風速がダイバージェンス速度と呼ばれる．

　実際の翼は三次元で，普通，翼の付根が固定された片持ち翼が用いられる．図 3.3 は最も簡単な片持ち矩形翼であるが，この場合にも揚力による翼のねじれ角は翼幅方向に変化し，翼端で最大で付根ではゼロとなる．そのため，ねじれによる揚力も翼幅方向に変化す

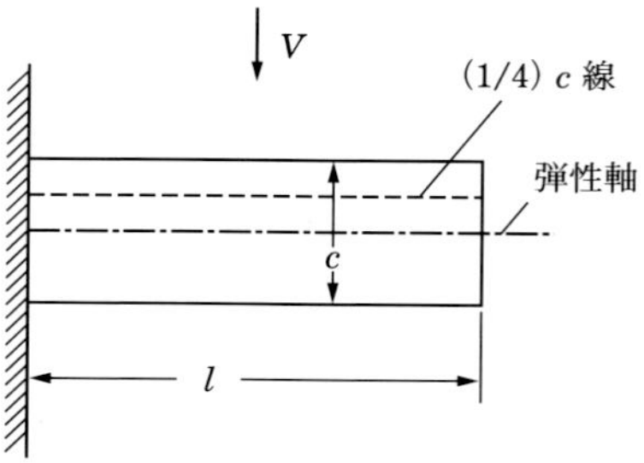

(66)　第3章　翼の弾性変形の影響

図 3.3　三次元弾性翼（片持ち矩形翼の
　　　　場合）

ることになる.

　このように，実際の翼は二次元翼と比較して現象がかなり複雑な
ので，計算も面倒である．しかし，アスペクト比が大きい矩形翼の
ような場合には，比較的容易にダイバージェンスの起こる条件やダ
イバージェンス速度などを求めることができる.

　通常の航空機の翼では，ダイバージェンス速度は充分大きく設計
される[*]ので，飛行中にダイバージェンスの起こる心配はない．し
かし，飛行速度がダイバージェンス速度以下でも，翼がねじれ変形
を起こすことによって揚力が増大するので，荷重計算など翼の構造
強度の面では充分な配慮が必要である.

　計算結果の一例を図 3.4 に示す．図は二次元弾性翼の場合で，L
は弾性翼に生じる揚力，V_D はこの翼のダイバージェンス速度であ
る．図のように，流速 V が V_D に近づくと変形による揚力の増大が
顕著である.

---

[*]　耐空性基準（航空機の飛行の安全性を確保するための設計基準）による
　　と，ダイバージェンス速度は急降下速度より 25 ％以上大になるように
　　設計することと規定されている.

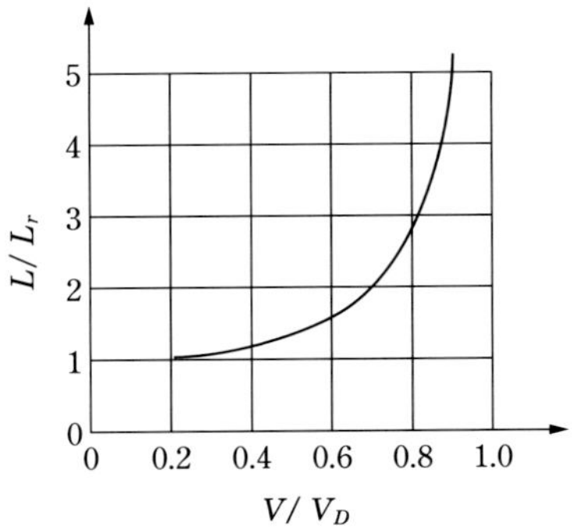

3.2 翼のフラッタ (67)

図 3.4 ねじれ変形による揚力の増大
（二次元弾性翼）

　なお翼の設計に際して，ダイバージェンス速度を大きくするためには，翼の剛性を高めるのも一つの方法であるが，この方法は翼の構造重量を増加させる欠点がある．したがって，弾性軸をできるだけ前進させて，空力中心線〔$(1/4)c$ 線〕に近づけるように翼の構造を工夫する方が得策である．

　静的な空力弾性問題には，ダイバージェンスの外に補助翼逆効き（エルロンリバーサル）と呼ばれる有名な問題などもあるが，やや特殊なのでここでは割愛する．

3.2　翼のフラッタ

　静止している航空機の翼に外力を加えたときに生じる振動は，主として構造減衰の作用によって時間とともに減衰してしまう〔図3.5（a）参照〕．しかし飛行中の航空機では，その速度が非常に大きくなると，翼に生じた微小な振動が空気力の作用によって負の減衰効果を受け，振動が発散してその振幅が限りなく増大する場合がある〔図3.5（b）参照〕．これが翼のフラッタである．

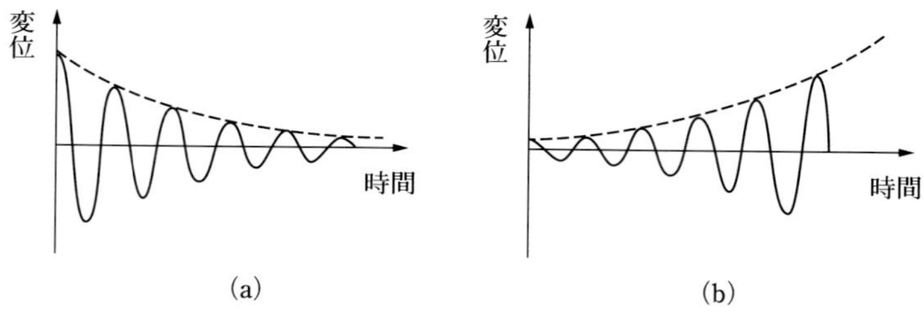

（ 68 ）　第3章　翼の弾性変形の影響

(a)　　　　　　　　　　　(b)

図3.5　振動の減衰と発散

　この減衰振動と発散振動の境目に減衰がゼロ，すなわち一定振幅の調和振動が持続する飛行速度があるが，この速度をこの機体のフラッタ速度と呼ぶ．

　翼のフラッタは種々の原因で発生するが，通常，二つ以上の変形の連成によって起こる．したがって，最初に最も基本的な翼の曲げモードとねじりモードの連成によって生じるフラッタ，すなわち曲げ-ねじりフラッタについて述べることとする．

　まず，その簡単化したモデルとして図3.6に示すように，二次元対称翼が速度 V の流れの中で微小振幅の上下振動（曲げに相当）と，$(1/4)c$ 点まわりの回転振動（ねじりに相当）を行なうものとする．

　図のように，曲げ振動の変位を h，ねじり振動の角変位を α とす

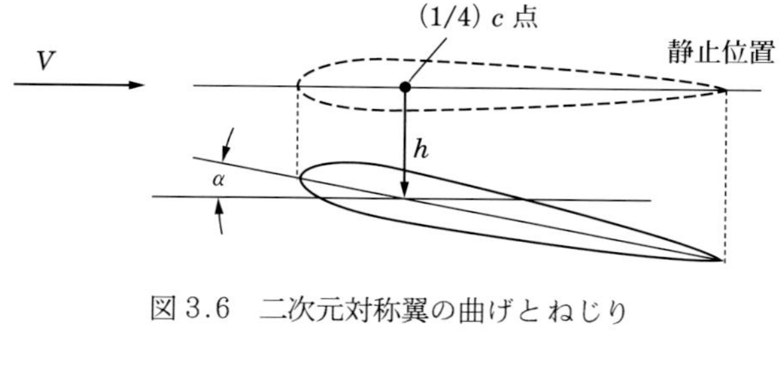

図3.6　二次元対称翼の曲げとねじり

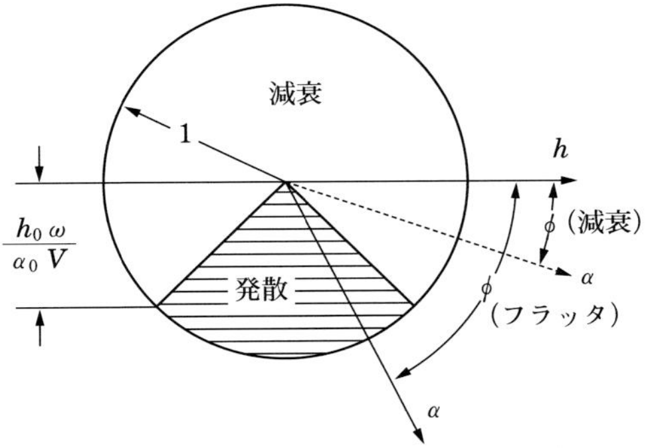

3.2 翼のフラッタ (69)

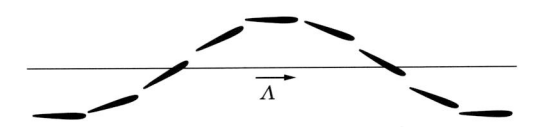

図 3.7 フラッタの発生条件

ると，この曲げ振動とねじり振動の位相差 ϕ がフラッタの要因で，主として飛行速度 V と位相差 ϕ の値によってフラッタの発生条件が決まる．

計算結果の一例を図 3.7 に示すが，図中，h_0，α_0 はそれぞれ曲げ振動とねじり振動の振幅，ω は振動角速度である．図より明らかなように，速度 V が大きくなると，$h_0 \omega / (\alpha_0 V)$ の値が小さくなるため振動の発散領域（図のハッチングの部分）が大きくなり，フラッタが起こりやすくなる．また，位相差 ϕ の大小によってもフラッタの発生の有無が左右されることがわかる．

参考のために，実際の二次元翼のフラッタ中の曲げ‐ねじり運動の例を図 3.8 に示す．図は $\phi = 90°$ の場合である．

上述の関係は，翼の振動が負減衰，すなわち発散振動に変わるた

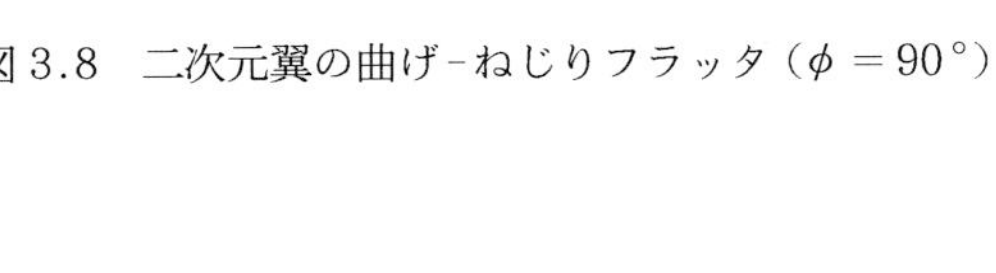

図 3.8 二次元翼の曲げ‐ねじりフラッタ（$\phi = 90°$）

（70）　第3章　翼の弾性変形の影響

めに必要な条件を示したもので，二次元翼の場合でも，実際にフラッタ速度やフラッタ振動数を求めるためにはより複雑な計算が必要である．

実際の翼，すなわち三次元翼の場合には，翼の曲げによるたわみとねじれ角はいずれも翼幅方向に変化し，そのうえ翼の先細比や後退角などの影響が入るのに加えて，高速飛行時にはマッハ数 M の影響も考慮しなければならないので計算は一層困難になる．また一般に，フラッタの振動数はかなり高いので，より精密な計算を行なうためには非定常空気力を用いることも必要となる．

その理由は，フラッタのように翼が流れの中で振動すると，その翼の迎角は時間的に変化するので翼から流出する後流渦の分布が定常な流れの場合と異なってくる．これが空気力の非定常効果の要因で，例えば揚力について計算してみると，定常な場合と比較して力の大きさは減少し，変位と力の間に位相の遅れを生じることがわかっている（この関係式はテオドルセン関数として与えられている）．フラッタの場合には，振動の位相差 ϕ が重要なのでこの効果を無視できない．

フラッタには，主翼の曲げ‐ねじりフラッタ以外にも種々の原因によるものが発生する．その中で重要なものを挙げると，

（1）尾翼フラッタ

水平尾翼や垂直尾翼も主翼と同様に曲げ‐ねじりフラッタを起こす場合がある．ただし，この場合は胴体の尾部の変形も関係することが多い．

（2）舵面フラッタ

主翼の補助翼，水平尾翼の昇降舵，垂直尾翼の方向舵などが関係するフラッタは，総称して舵面フラッタと呼ばれる．例えば，補助翼の場合には主翼の曲げと補助翼の舵角変化が連成して起こる曲げ

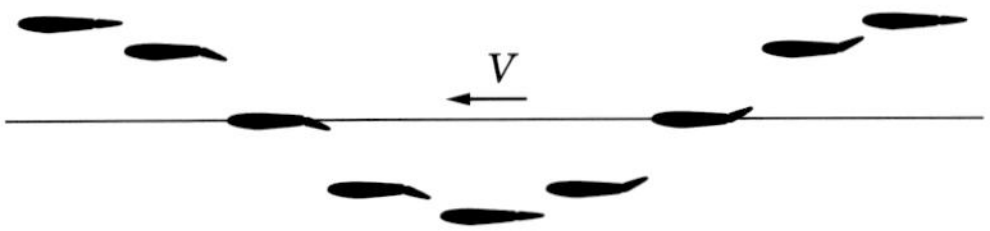

図 3.9　曲げ‐補助翼フラッタ

‐補助翼フラッタ，主翼のねじれと連成して起こるねじり‐補助翼
フラッタなどがある．

　図 3.9 は曲げ‐補助翼フラッタの場合の主翼と補助翼の変形の様
子を示したもので，主翼の曲げ振動中に補助翼が図のような舵角変
化を行なうと，フラッタが発生することがわかる．

（3）1 自由度のフラッタ

　既述のように，通常フラッタは 2 自由度以上の変形が連成して起
こるが，条件によっては 1 自由度のフラッタも発生する．

　よく知られた例を示すと，失速した翼面上のはく離流れによって
発生するほとんどねじり振動のみの失速フラッタ，遷音速飛行時に
起こる補助翼の回転のみで生じる補助翼バズ，超音速飛行時に航空
機の外板が起こすパネルフラッタなどがある．

　フラッタは，いったん発生すると，ほとんどの場合その機体を瞬
時に破壊する．戦前から多くの飛行機事故の原因となったため，フ
ラッタは空力弾性問題の最も重要な課題として研究され，対策が行
なわれてきた．

　最近でも航空機の高速化と，ねじり剛性の点で不利な薄翼や後退
翼の採用が増加しているため，フラッタの対策は依然として重要な
問題である．

第4章　回転翼とその応用

　飛行機のプロペラやヘリコプタのロータのような回転翼には多くの種類があり，各種の流体機械に広く利用されている．

　回転翼では，翼の回転による周囲の流体との相対速度を考慮しなければならないので，一般に固定翼よりも面倒な計算を必要とする場合が多い．しかし，固定翼のときに用いられた理論は回転翼にも適用できるので，ここではその応用として，回転翼の性能計算や設計の基礎となる考え方について述べることとする．

4.1　回転翼の種類

　回転翼はその使用目的によって分類すると，次のように分けられる．

　① 推力を利用するもの

　回転翼によって生じる圧力差を利用して軸方向の推力を発生させる．飛行機のプロペラ，ヘリコプタのロータ，船のスクリューなどがその例である．

　② 加速流れを利用するもの

　回転翼によって流れを加速し，高速の流れを発生させる．代表例としてポンプや送風機が挙げられる．家庭用の扇風機や工場などの排気に用いられるファンもその例である．

　③ 圧縮効果を利用するもの

　回転翼による圧力上昇を多数回重ねることによって，高圧力を発生させる．圧縮機（コンプレッサ）がその代表例である．

　④ トルクを利用するもの

　回転翼によって流体のもつ運動エネルギーをその軸の回転力（ト

ルク）に変換する．水車，風車，タービンなどがその例である．

　回転翼は次の二つの場合に分けて取り扱うことが必要である．すなわち，翼の枚数が少なくてそれぞれの翼が単独に回転するとして取り扱ってよい場合と，翼の枚数が多くて翼と翼の間の相互干渉を無視できない場合である．

　前者には，プロペラ，スクリュー，ロータのほかにプロペラ型の風車などが含まれ，この場合は既述の二次元翼の理論を用いてその特性を求めることができる．後者には，タービン，コンプレッサ，多翼の送風機などが含まれるが，この場合には翼列（よくれつ）＊としての取扱いが必要である．

　以下の説明では，まず翼を単独で取り扱ってよい場合について述べ，翼列の場合はまとめて最後に簡単に触れることとする．

4.2　回転翼の特性

　回転翼の場合，その回転軸に取り付けられる1枚の翼をブレード（羽根）と呼ぶ．

　ブレードの枚数の少ない回転翼の代表例として，ここでは主としてプロペラの場合についてその性能や空力特性の計算法，設計手法などを述べてみよう．

（1）運動量理論

　最初に，回転翼の各種の理論のうち最も簡単な運動量理論について述べてみよう．

　プロペラは，そのブレードを回転することによって推力を発生さ

＊　多数の同一形状の翼が同じ姿勢で等間隔に並んでいる場合を総称して翼
　列という．翼列の中の翼は他の翼による影響を受けるため，その翼が単
　独に存在する場合とは異なった特性を示す．

(74)　第4章　回転翼とその応用

せる機構であるが，その原理は，回転面に前方から流入する気流を加速して後方に流し出すことによって生じる反力を利用するものである．

　運動量理論では，簡単のため回転面上を通る流速は一様とし，したがって推力は回転面上に一様に分布するものと仮定する．また，回転面を通り過ぎて加速された流れ（プロペラ後流と呼ばれる）も回転運動などを伴わない一様な流れとすると，プロペラの回転面の前後の流れや圧力の変化は図4.1のように表わすことができる．

　図中，V はプロペラの前進速度（前方からの流入速度），$V + W_a{}'$ は回転面を通過するときの流速，$V + W_a$ は充分後方の後流の流速を表わしている．なお，プロペラの回転面は圧力の不連続面と考え，回転面の直前の圧力を P_1，直後の圧力を P_2 とする．

　この関係を用いると，プロペラの推力は回転面前後の圧力差 $P_2 - P_1$ と回転面の面積 $(\pi / 4) D^2$ の積で表わすことができる．ここ

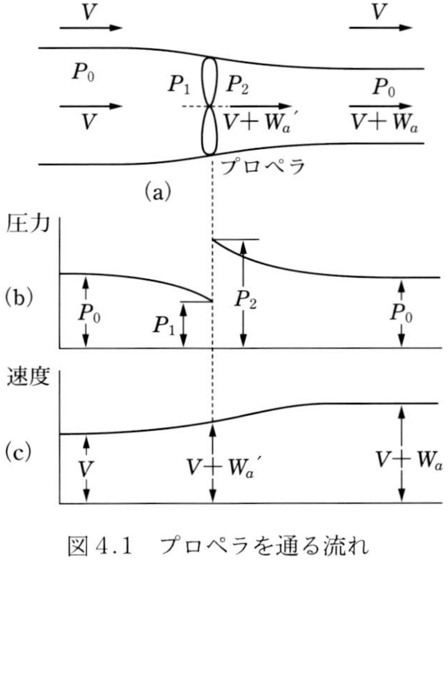

図4.1　プロペラを通る流れ

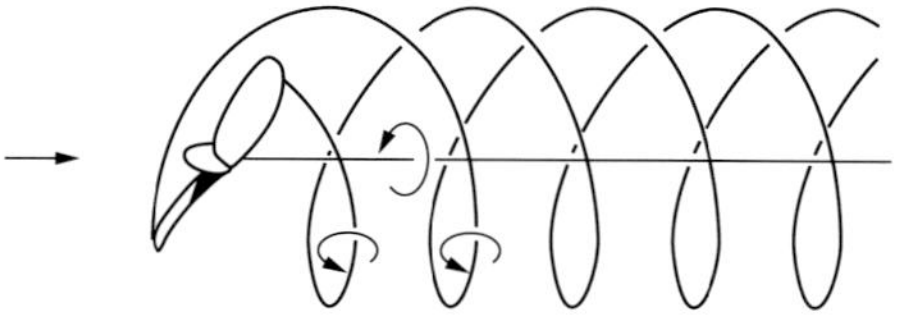

4.2 回転翼の特性　（ 75 ）

図4.2　回転による後流のねじれ

で，D はプロペラの直径である.

　一方，運動量の法則によると，推力は回転面を単位時間に通過する流体の質量と流速の増加分 W_a の積に等しい. したがって，上述の二つの関係式を比較すると，結局 $W_a' = (1/2)\,W_a$ という結果が得られる. すなわち，プロペラの場合には，流れはその回転面を通過するときに最終の流速の増加量 W_a の 1/2 だけ増大することになる. なおこの結果を用いると，プロペラの推力の外にプロペラの回転に必要な動力（パワー）なども求めることができる.

　実際のプロペラでは，回転面上の流速分布は一様ではなく，またプロペラの回転によって後流にはねじれを生じる（図4.2参照）. さらに，ブレードの先端付近では相対的な流速が大きいので，圧縮性の影響を無視できない場合もある.

　したがって，この運動量理論は簡単化された近似理論であるが，計算が容易で，比較的実際に近い結果が得られるので，実用的な計算法としてよく用いられる.

　この運動量理論は風車の場合にも適用することができる. 風車は，風の運動エネルギーをトルクに変換する機構であるから，図4.3に示すように風速 V の風が風車の回転面を通り抜けると，そのエネルギーの一部は風車に吸収されるので，後方では速度が減少して $V - W_a$ となる.

　プロペラの場合と同様に，回転面を圧力の不連続面と考え，運動

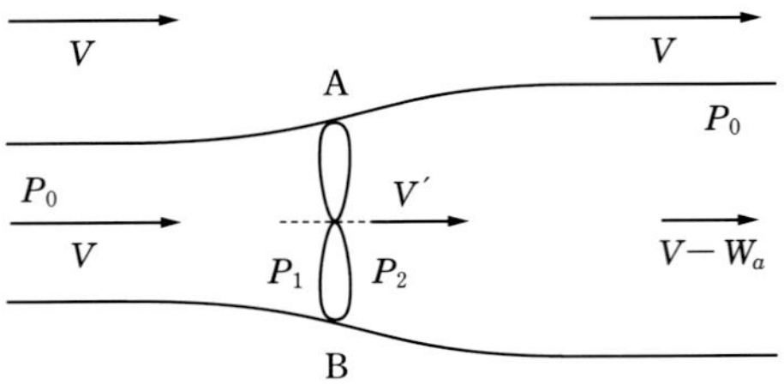

（ 76 ）　第4章　回転翼とその応用

図4.3　プロペラ型風車を通る流れ

量の法則を用いると，風車の回転面を通るときの風速 V' は $V -$（1/2）W_a となる．この関係を用いると，風車が吸収するパワーや理論効率などを求めることができる．

（2）翼素理論

前項で述べた運動量理論は，与えられたプロペラや風車の性能計算などには使用できるが，新しいプロペラの設計などには適用できない欠点がある．したがって，次に回転翼の設計計算に使用可能な翼素（よくそ）の理論について述べてみよう．

前項と同様に，回転翼をプロペラとして，そのブレードの半径 r のところの幅 dr の部分（これを翼素と名づける）について考える（図4.4参照）．

プロペラの回転角速度を ω とすると，この翼素に対する気流速度は図4.5のようにプロペラの前進速度 V と回転による周回速度 ωr の合速度 W_0 である．W_0 と回転面のなす角を β_0，翼素の翼弦線が回転面となす角を θ とすると，図のように，この翼素の気流に対する迎角 α は $\theta - \beta_0$ となる．なお，角 θ は翼角（よくかく）と呼ばれる．

迎角 α が決まれば，その翼型の特性から揚力係数，抗力係数が求められるので，この翼素の部分に働く揚力 dL，抗力 dD を計算できる．この揚力と抗力の合力 dR を求めて，図のようにこの力をその

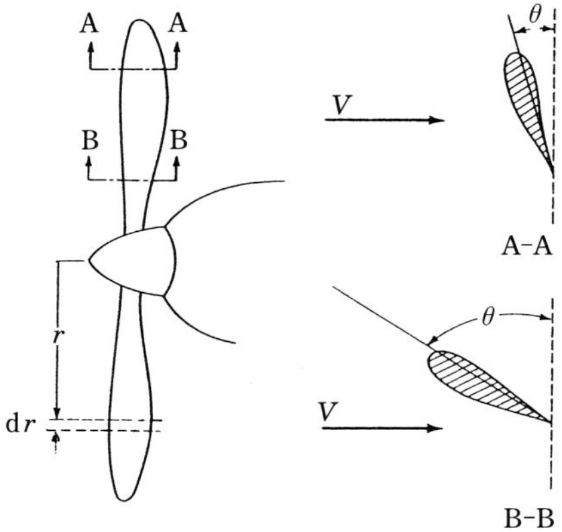

4.2 回転翼の特性 (77)

図4.4 プロペラブレードの翼素

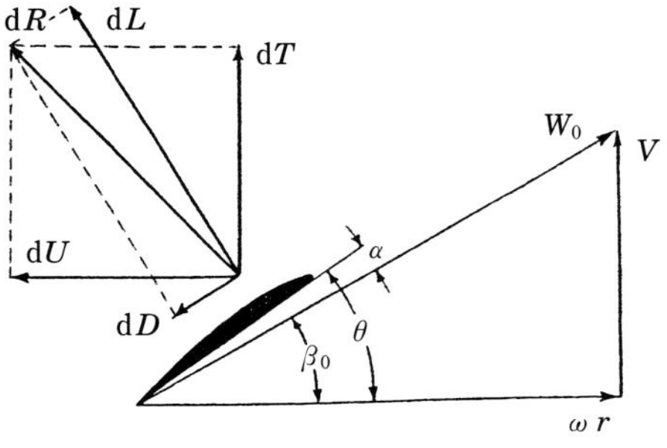

図4.5 翼素に対する流速と空気力（単純翼素
理論）

回転軸方向の成分 dT と回転面方向の成分 dU に分解すると，dT
は推力で，dU にその翼素の半径 r を掛けると，トルク（回転力）
dQ が得られる．

プロペラ全体の推力およびトルクを求めるには，dT および dQ
を半径 r について付根から先端まで積分すればよい．上述の理論は

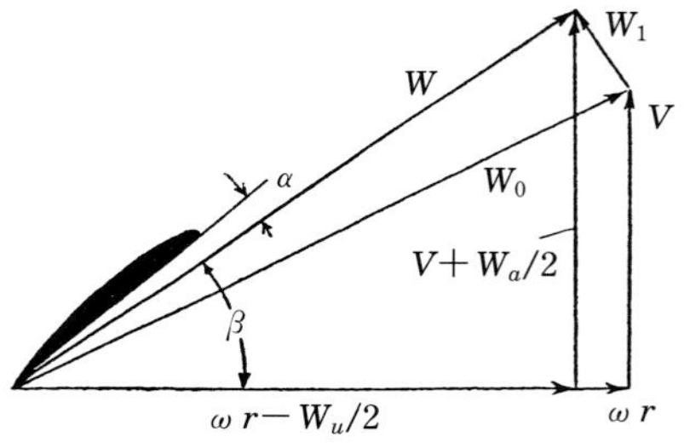

（ 78 ） 第4章　回転翼とその応用

図4.6　翼素に対する流速

「単純翼素理論」と呼ばれる.

　しかし，この理論は厳密には正確ではない. その理由は次の2点による.

　① 運動量理論から明らかなように，プロペラの回転面を通る気流の軸方向速度は V よりも大きい.

　② 気流は，プロペラの回転によってねじれを生じるので，翼素に対する回転面内の流速は ωr より小になる.

　これらの影響を考慮すると，図4.6に示すように，翼素に相対的な流速は軸方向の速度 $V + (1/2)\,W_a$ と回転方向の速度 $\omega r - (1/2)\,W_u$ の合速度 W となる. ここで，W_u はプロペラ後流中の気流のねじれ速度で，プロペラの回転面では $(1/2)\,W_u$ である. すなわち，単純翼素理論の場合の合速度 W_0 の代わりに，上述の合速度 W を用いることによって，より正確な翼素理論が得られる.

　なお，翼素理論は風車の場合にも適用することができる.

　簡単のため，単純翼素理論でその作動原理を示すと，図4.7のようになる. すなわち，風車の回転角速度を ω とすると，半径 r のところの翼素には軸方向の風速 V と回転による周回速度 ωr の合速度 W_0 の気流が当たる.

　プロペラの場合と同様に，W_0 と回転面のなす角を β，翼素の翼

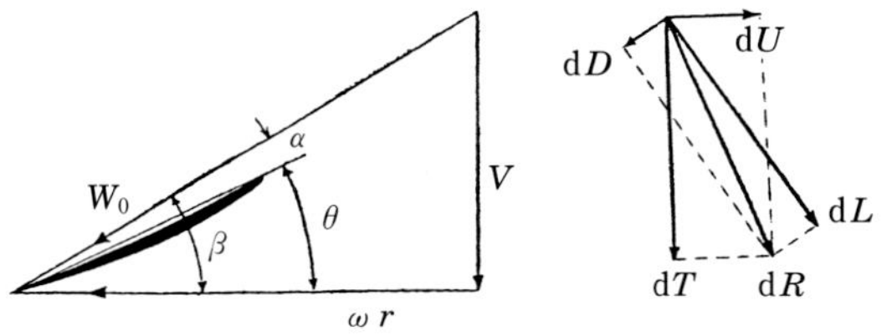

4.2 回転翼の特性 　(79)

図 4.7　風車に対する流速と空気力

角を θ とすると，この翼素の迎角 α は $\beta-\theta$ であるから，その翼型の特性からこの翼素に働く空気力 dR を求めることができる．dR の回転方向の分力を dU とすると，dU と半径 r の積はトルク dQ である．dQ を積分することによって，風車全体の発生トルク Q が求められる．また，このトルク Q に回転角速度 ω を掛けると，この風車の発生する動力（パワー）も求めることができる．

　回転翼の計算法は，このほかにも各種考案されているが，いずれもかなり複雑な計算が必要である．上述の単純翼素理論は近似理論で厳密性は欠けるが，簡単で理解しやすいので，プロペラや風車のブレードの設計に際してその概算を行なうのに便利である．

　翼素の理論から明らかなように，プロペラはその前進速度と回転数の変化によって性能が大きく変わる．図 4.8 は，プロペラの各種の作動状態を簡単のために単純翼素理論で示したもので

（a）翼素が適当な正の迎角を保ち，正常な状態
（b）前進速度が大になって，推力がゼロの状態
（c），（d）前進速度がさらに大になって，迎角や推力が負となるブレーキ状態
（e）反対に前進速度が過小で，翼素が失速の状態

を表わしている．

　このように，プロペラが正常な性能を維持するためには，常にそ

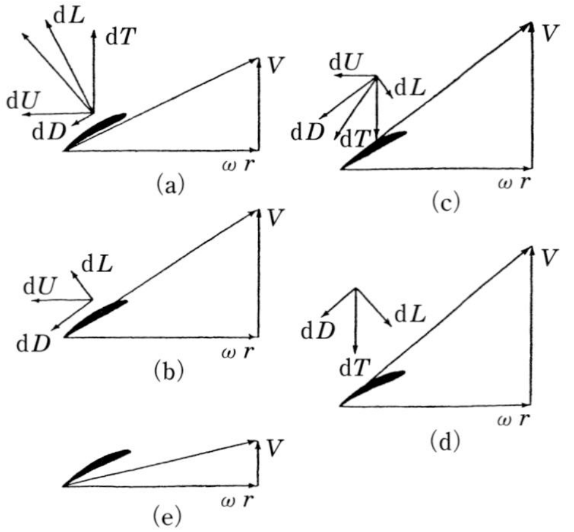

（ 80 ）　第4章　回転翼とその応用

図4.8　プロペラの作動状態

の前進速度，回転数と翼素の迎角の間に適当な関係が保たれなければならない．

　前進速度と回転数の関係を表わすには，前進率〔$V/(nD)$〕と呼ばれる数値がよく用いられる．ここで，n は回転数，D は回転面の直径である．

　上述の理由で，プロペラの効率はある前進率のところで最大になるので，プロペラのブレードは前進速度に応じて翼角 θ を変化させ，常に正常な効率のよい状態で作動させることが必要である．そのために，プロペラには飛行中に任意に翼角を変化させる機構，すなわち可変ピッチ機構が設けられている．

　上述の回転翼の理論は，プロペラのほかに船のスクリューやヘリコプタのロータなどにも適用できる．なお，風車には形状や作動原理の異なる多くの種類があるが，この理論が適用できるのは，最近よく用いられるプロペラ型風車の場合である．

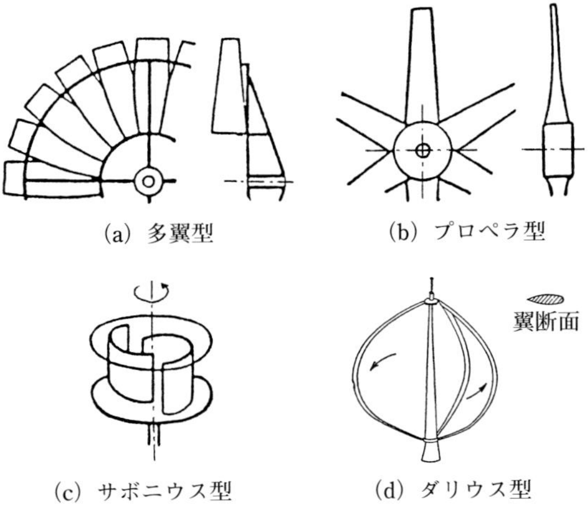

4.3 翼　列　(81)

(a) 多翼型　　　　　　　　(b) プロペラ型

(c) サボニウス型　　　　　(d) ダリウス型

図4.9　現用風車の例

　参考のために，古くからよく知られた風車の例を図4.9に示す．
図中，(a)は多翼型，(b)はプロペラ型，(c)はサボニウス型，(d)は
ダリウス型と呼ばれる風車の形状を示す．

4.3　翼　　　列

　流体機械に用いられる回転翼の多くは，翼列としての取扱いが必
要である．

　翼列は大別すると，流体が半径方向に流れる半径流型（ふく流型）
と軸方向に流れる軸流型に分けられる．したがって，ここではこの
2種類の翼列の代表例について，その特性を調べることとする．

　半径流型の羽根車の例を図4.10に示すが，このように羽根が円
周に沿って並んだものを円形翼列という．また，軸流型の羽根車は
図4.11のようにプロペラ型で，このような羽根を一定の半径の円
で切り，円周に沿って広げると，同図の下に示すように翼が一直線

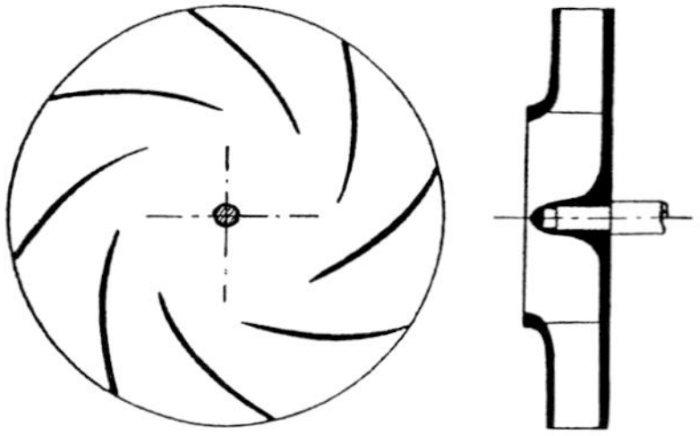

（ 82 ）　第4章　回転翼とその応用

図 4.10　半径流型羽根車（円形翼列）

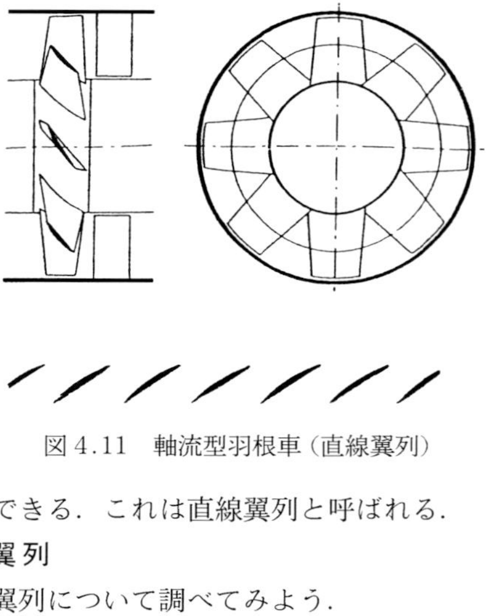

図 4.11　軸流型羽根車（直線翼列）

に並んだ列ができる．これは直線翼列と呼ばれる．

（1）直線翼列

　最初に直線翼列について調べてみよう．

　直線翼列は，羽根の枚数が多い点を除けば，作動原理はプロペラや送風機とほとんど同じである．したがって，翼列の干渉効果というのは，周囲の羽根が流れに及ぼす影響によると考えてよい．

　一例として，平面板からなる翼列の場合の計算結果を図4.12に示す．

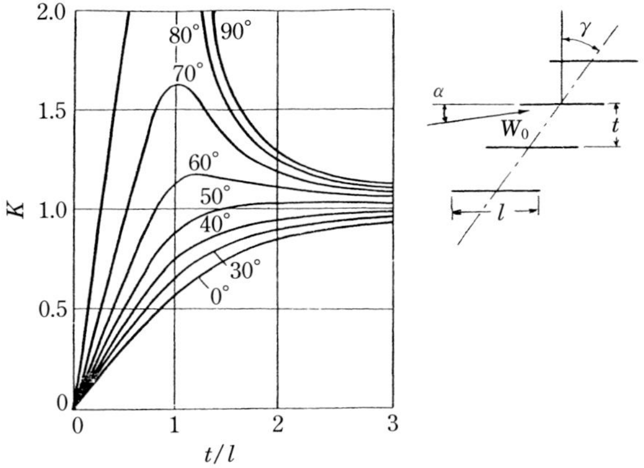

4.3 翼　列　（ 83 ）

図 4.12　平面板翼列の干渉係数

　図中，縦軸の K は干渉係数で，翼列の中の一つの平面板が速度 W_0，迎角 α の流れを受けたときに生じる揚力と，同じ速度の一様流中に平面板がただ一つある場合に生じる揚力との比を表わす．なお，横軸の t はピッチ（翼の間隔），l は翼弦長である．また，図中の各曲線は角 γ（くいちがい角）による変化を示す．

　図から明らかなように，翼列の干渉効果は t/l が 2 以下のときに顕著で，t/l が大きくなると K の値は 1 に近づき，翼の揚力特性は単独翼の場合と変わらなくなる．

　一般に，翼列の場合には流体が羽根と羽根との間を通るために，流れが曲げられ同時に流速や圧力の変化を生じる．翼列の中の一つの翼について考えると，図 4.13（b）に示すように，翼が一様流中にある場合（a）と異なり，その翼は曲がって圧力や速度の変わる流れの中にあることになる．これが，翼列中の翼の性能や圧力分布が単独翼の場合と異なる原因である．

　翼列の場合にも，迎角が大きくなると失速が起こる．例えば，図

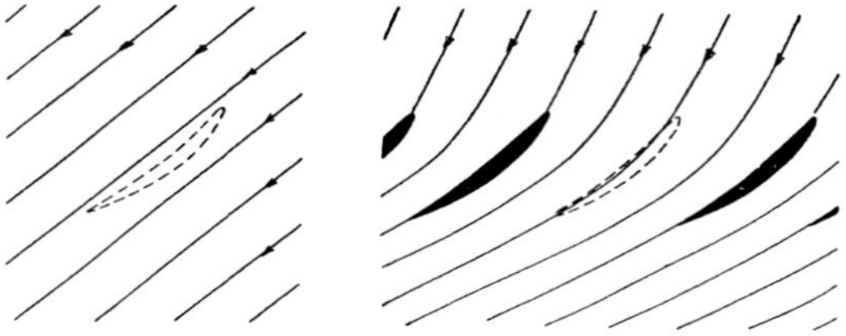

（ 84 ） 第4章　回転翼とその応用

(a)　　　　　　　　　　　(b)

図 4.13　単独翼と翼列中の翼

図 4.14　翼列中の翼の失速

4.14 に示すように，翼 A が失速すると，翼 A と翼 C との間を通る流れは上向きに曲げられて翼 C の迎角は大きくなるので，翼 C も失速を生じやすい．

　翼列中の翼は，比較的大きな迎角で使用されることが多いので，このように一つの翼が失速すると，その失速は翼から翼へと伝わって，遂には翼列全体が失速する恐れがあるので注意が必要である．

（2）円形翼列

　既述のように，多数の羽根が一つの円盤上に並んだものが円形翼列であるが，この場合はこれらの羽根によってつくられた流路の中を流体が半径方向に流れるので，羽根の作用は軸流型のような通常の回転翼と著しく異なる（図 4.10 参照）．

4.4 水流とキャビテーション （ 85 ）

　この翼列の代表例はポンプおよび水車であるが，まずポンプの場合には，羽根車を回転させることによって流体は中心から外に向かって流出する．一方，水車の場合は，反対に外側から内に向かって流体が流入するので，流れが羽根によって曲げられると羽根は力を受け，この力は中心軸まわりに回転力を生じて羽根車を回転させる．いずれの場合にも，流体は回転する羽根車の中を流れるので，計算には遠心力のような回転の影響を考慮しなければならない．

　なお円形翼列が静止している場合，水車のように外側から中心に向かって流体が流れ込むときは，普通，流れの速度が増大するので増速翼列という．反対に，ポンプのように中心から外側に向かって流出するときは，一般に流速が減少するので，減速翼列と呼ばれる．

　減速翼列の場合は，通常の翼と同様に流れの方向に圧力が上昇し，流れのはく離などによる損失を生じやすいので，注意が必要である．

4.4　水流とキャビテーション

　ポンプや水車の羽根車，船のスクリューなどの場合には，翼のまわりを流れる流体が水のような液体であるので，気流の場合とは違った問題を生じることがある．

　一般的には，水は空気と同様に粘性の小さい流体であるから，通常，その影響は小さいと考えてよい．また，圧力を加えてもほとんど縮まないので，圧縮性の影響も無視できる．したがって，翼の揚力の計算に用いた理想流体の仮定は水流の場合にも成り立つので，その密度が空気の約 800 倍（常温の場合）であることなどに注意すれば，これまでに得られた計算結果はほぼそのまま水流の場合にも適用できる．

　このように，翼の性能は水中でも空気中でも余り変わらないのが

（ 86 ）　第4章　回転翼とその応用

普通であるが，条件によってはその性能が大きく変化する場合がある．その代表的な例がキャビテーションである．

　既述のように，翼が正の迎角で流れの中に置かれると，翼の上面の前の部分では流れが加速されて流速が大になり，圧力は小さくなる．水流の場合，物体表面のある部分の速度が上昇し，そこの圧力が水の飽和蒸気圧以下になると，水は瞬間的に沸騰して気泡となり空洞を生じる．また，水中には微量ながら空気が溶け込んでいるので，圧力が低下するとその溶解している空気が分離して気泡となる場合もある．これらの現象を総称してキャビテーションという（図4.15参照）．

　キャビテーションによって発生した気泡は，圧力の高い下流部に運ばれると急激に押しつぶされて異常な高圧を生じ，騒音や振動を伴うことが多い．また翼の表面も，その衝撃によって浸食されて多数の小さな孔があく．この現象はエロージョン（壊食）と呼ばれる．このように，キャビテーションが起こると，翼の性能の低下や振動などの不具合を生じるのみならず，ときには翼の破損のような事故の原因となる．

　翼が高速の水流中にある場合には，キャビテーションの発生を阻止することはできない．そして，気泡による空洞部が大きくなると，性能低下や振動なども大きくなる．しかし，空洞の部分がさらに大きくなり，翼弦長のほぼ2倍以上になると，流れは逆に安定し

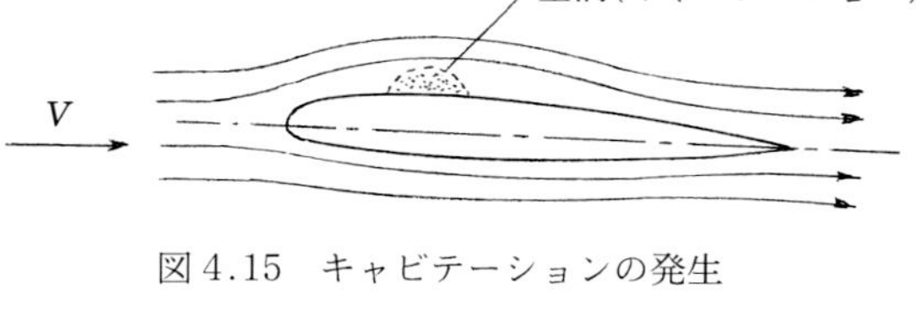

図4.15　キャビテーションの発生

4.4 水流とキャビテーション　（ 87 ）

図 4.16　スーパーキャビテーション

て騒音や振動も静まることが確認されている（図 4.16 参照）.

　この状態はスーパーキャビテーションと呼ばれ，水中翼船の翼などに応用されている.

（ 88 ）

付 録 1   流 体 の 性 質

流体は液体と気体に分けられるが，ここではそのうち水および空気のみについて述べることとする．なお，単位は国際単位系（SI）を用いる．

（1）密　　度

単位体積当たりの質量を密度といい，通常，記号 ρ で表わす．SI単位では質量にキログラム（kg），長さにメートル（m）を用いるので，密度の単位は kg / m^3 である．

地表面（標準気圧）における水と空気の密度の温度による変化を付表 1.1 に示す．

この表から明らかなように，常温での空気密度は $1.20 \sim 1.25$ kg / m^3 である．なお，水の密度は周知のように 4 ℃，1 気圧（標準

付表 1.1   水と空気の密度（標準気圧）

温度，℃		0	10	15	20	40	60	80	100
密度，kg / m^3	水	999.8	999.7	999.1	998.2	992.2	983.2	971.8	—
	空気	1.293	1.247	1.226	1.205	1.128	1.060	1.000	0.946

付表 1.2   気温，気圧，空気密度，音速の高度による変化

高度，m		気温，℃	気圧 P/P_0	密度 ρ/ρ_0	音速，m / s
0	↑	15.0	1.0000	1.0000	340.7
2000		2.0	0.7846	0.8216	332.9
4000		− 11.0	0.6083	0.6687	324.9
6000	対流圏	− 24.0	0.4656	0.5386	316.8
8000		− 37.0	0.3513	0.4287	308.4
10000		− 50.0	0.2609	0.3369	299.8
11000	↓---↑	− 56.5	0.2233	0.2971	295.4
15000	成層圏	− 56.5	0.1189	0.1581	295.4
20000		− 56.5	0.0540	0.0719	295.4

付録1 流体の性質　（89）

気圧）のときに 1 000 kg / m^3 で，常温ではその値はほとんど変わらない．

　空気密度の高度による変化を付表 1.2 に示す．なお，参考のために同表には気温，気圧および音速の変化も併記した．この表から明らかなように，地表面から高度が上昇するに従って気温，気圧，空気密度とも次第に小さくなる．

　このうち，気温の低下する割合は高度 1 km について約 6.5 ℃であるが，この割合で気温が低下するのは高度 約 11 km までで，それ以上の高度では気温は約 − 56.5 ℃で一定になる．前者の高度範囲は対流圏，後者は成層圏と呼ばれる．なお，成層圏の最高高度は約 50 km と考えられる．

　気圧および空気密度の高度による変化は，標準大気の値（P_0，ρ_0）との比の形で示されているが，気圧 760 mmHg，気温 15 ℃での P_0 および ρ_0 の値は

$$P_0 = 101\ 325\ \text{Pa}$$
$$\rho_0 = 1.226\ \text{kg/m}^3$$

である．

　なお，音速については圧縮性の項で詳述する．

（2）粘　　性

　付図 1.1 に示すように，面積が A ですき間の高さが h の 2 枚の平行な平面板の間に流体を満たし，下の板は固定したままで上の板を速度 U で平行に移動するのに要する力を F とすると，この平面板の単位面積当たりの力，すなわち，せん断応力 τ は F/A で求めることができる．

　層流の場合，このせん断応力 τ は U に比例し，h に反比例するので，比例定数を μ とすると

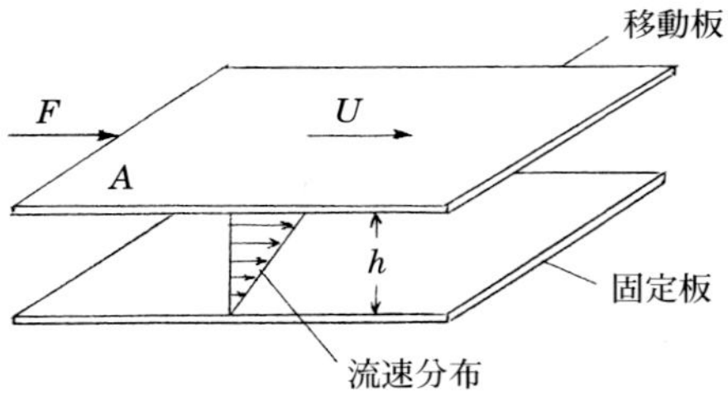

(90) 付　録

付図 1.1　平行板間のクエット流れ

$$\tau = \mu \frac{U}{h}$$

と表わすことができる．この比例定数 μ を粘性係数または粘度という．単位は Pa・s（パスカル秒）である．

　流体の粘性は，一般にこの粘性係数の値で表わされるが，流体の運動に対する粘性の影響を表わす場合には動粘性係数（または動粘度）と呼ばれる量を用いることが多い．動粘性係数は μ を流体の密度 ρ で割った値（μ/ρ）で，記号 ν で表わされる．単位は m^2/s である．

　標準気圧下における水および空気の粘性係数 μ と動粘性係数 ν の温度による変化を付表 1.3 に示す．

付表 1.3　空気と水の粘性係数（標準気圧）

温度, ℃	空気		水	
	粘性係数 μ, $\times 10^{-5}$ Pa・s	動粘性係数 ν, $\times 10^{-6}$ m^2/s	粘性係数 μ, $\times 10^{-5}$ Pa・s	動粘性係数 ν, $\times 10^{-6}$ m^2/s
0	1.724	13.33	179.2	1.792
10	1.773	14.21	130.7	1.307
20	1.822	15.12	100.2	1.004
30	1.869	16.04	79.7	0.801
40	1.915	16.98	65.3	0.658

付録1 流体の性質 （ 91 ）

　この表から明らかなように，10 ℃ 付近では空気の粘性係数は水の約 1/75 であるが，動粘性係数は反対に約 10 倍の大きさとなる．この理由は，もちろん水の密度が空気の密度の約 800 倍だからである．

（3）圧 縮 性

　空気の圧縮性の程度を表わすパラメータはマッハ数 M であるが，マッハ数は流速と音速との比であるから，空気中の音速の値が重要である．

　付表 1.2 に示したように，地表面における常温常圧時の音速は約 340 m/s であるが，空気中の音速は圧力や密度とは無関係に温度のみによって変化する[*]ので，その値は高度によって異なり，高度が増して気温が低下すると音速は減少する．しかし，成層圏では気温が一定（-56.5 ℃）なので音速も一定となる．

　例えば，時速 1 000 km（277.8 m/s）で飛行する航空機の高度が 2 km の場合には，その高度の音速は 332.9 m/s であるから，マッハ数は 0.834 である．しかし，高度 11 km の成層圏では音速が 295.4 m/s なので，マッハ数は 0.940 となる．このように，対地速度は同一でも高度が高いと音速が小さいため，マッハ数が増大することに注意が必要である．

　水は圧力を加えてもほとんど縮まない[**]ので，通常 非圧縮と考えてよい．しかし，実際には水も圧力が加わると，わずかながら体積が減少する．そして，体積が減少すると密度が増大し，この関係から水中を伝わる音速を求めることができる．計算の結果によると，水中の音速は約 1 500 m/s である．

───────────────

[*] 空気中の音速は気温によって変わるが，圧力は関係しない．
[**] 水は 1 気圧加えても約 0.005 ％しか縮まない．

（ 92 ） 付　　録

付録 2　NACA 翼型

NACA〔アメリカ航空局（現在の NASA の前身）〕で設計，試験された多数の翼型のうち，特によく知られた代表的なものについて述べる．

（1）4 字番号翼型

最も古くから使用された翼型で，NACA 2412 のように 4 桁の数字で表現される．

数字の意味は，はじめの 2 字が反り線の特性，あとの 2 字は翼の厚さを表わしている．すなわち，2412 の場合には

　　2：反りの最大値が翼弦長の 2 ％

　　4：反りの最大の点が前縁から翼弦長の 40 ％後方の位置

　　12：厚み比が 12 ％

であることを意味する．

この翼型の形状および性能試験の結果を付図 2.1 に示す．図中の各曲線はレイノルズ数 Re と翼表面の粗滑による変化を表わしている．

なお 4 字番号の翼型では，はじめの 2 字は反り線の特性を表わすので，反り線が翼弦線と一致する対称翼の場合には 00 となる．したがって，例えば厚み比が 12 ％の対称翼は NACA 0012 のように表わされる．

（2）5 字番号翼型

前記の 4 字番号翼型の反りの最大点の位置を前方に移すことによって，最大揚力係数が大きく，最小抗力係数が小さい新しい翼型がつくられた．これが 5 字番号翼型である．

例として，有名な NACA 23012 について，その意味を示すと

　　2：反りの最大値が翼弦長の 2 ％

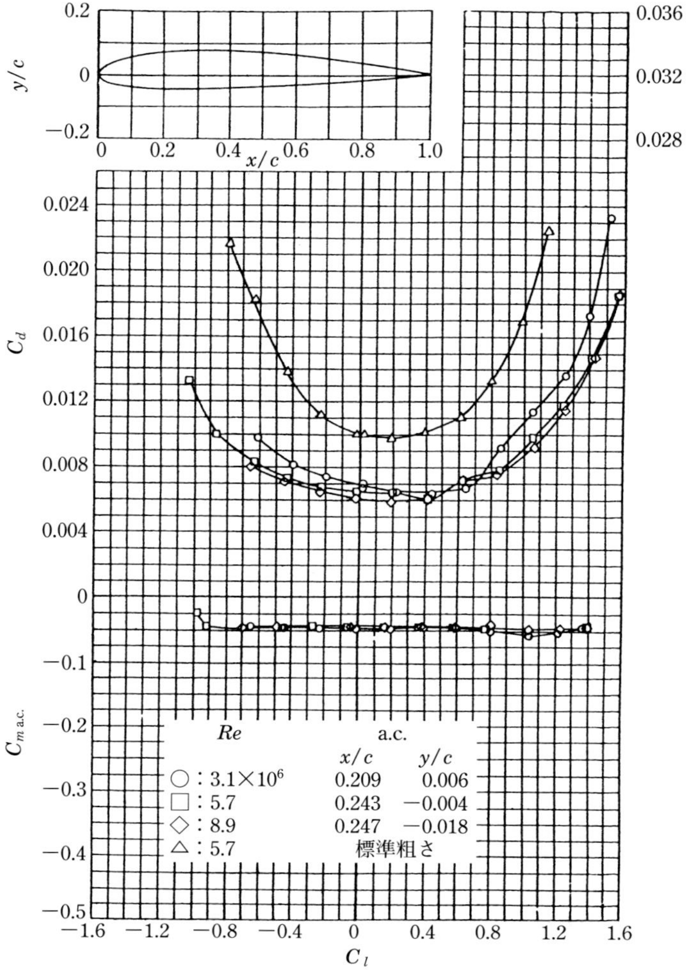

付録 2　NACA 翼型　（ 93 ）

付図 2.1　NACA 2412 翼型の性能（出典：Theory of Wing Sections）

（ 94 ） 付　　録

　　　3：反りの最大の点が前縁から翼弦長の 15 ％（30 の 1 / 2）後
　　　　　方の位置

　　　0：反り線の後半部が直線

　　　12：厚み比が 12 ％

　この翼型の形状および性能試験の結果を付図 2.2 に示す.

（3）6 シ リ ー ズ 翼 型

　4 字番号や 5 字番号の翼型の研究は，主として風洞実験によって
行なわれたが，その後，翼理論や境界層理論の研究が進んだので，
翼型を理論計算によって設計することが可能になった．その結果，
翼の表面の大部分が層流境界層に覆われるので，抗力が非常に小さ
い翼型としてよく知られた NACA 層流翼型がつくられた.

　NACA 層流翼型には 1 シリーズから 8 シリーズまであるが，この
うち最も揚力特性，抗力特性が良好で，実用性の高いのは 6 シリー
ズ翼型である.

　したがって，このシリーズの翼型の代表的な例として， NACA
65_3 - 218 についてその数字の意味を示すと

　　　6：シリーズ番号

　　　5：翼上面の最小圧力の位置（翼弦長の 50 ％）

　　　添字 3：抗力が小さくなる揚力係数の範囲（設計揚力係数の上
　　　　　　　下 ± 0.3）

　　　2：設計揚力係数 *（C_l = 0.2）

　　　18：厚み比（18 ％）

　この翼型の形状および性能試験の結果を付図 2.3 に示す.

_____

* 翼の前縁における反り線の接線方向と，その翼に相対的な流れの方向が
　一致したときに生じる揚力から求められる揚力係数をその翼の設計揚力
　係数という.

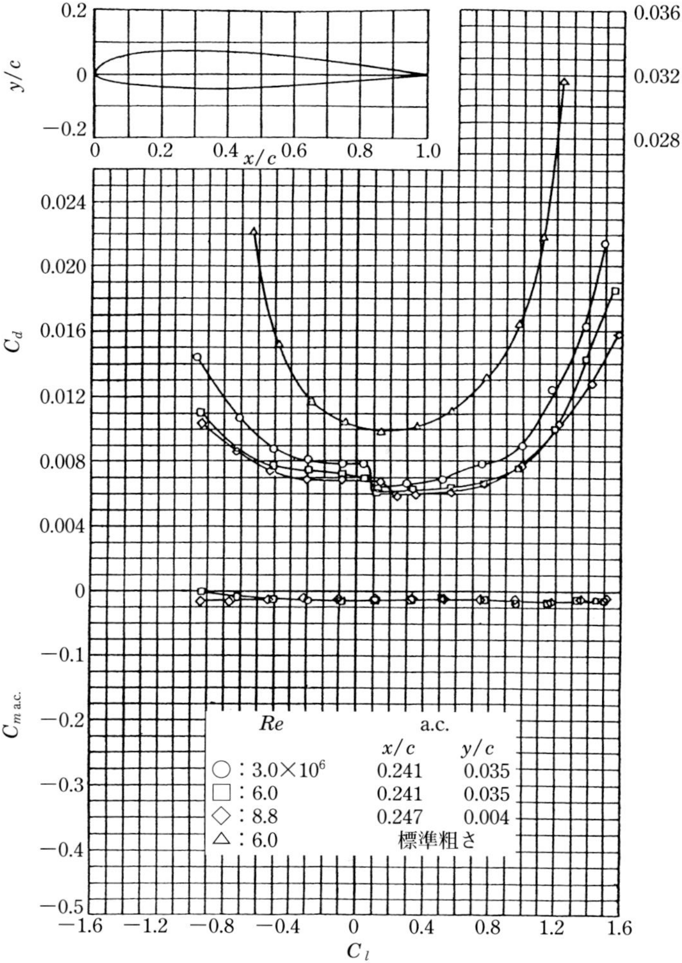

y/c

x/c

C_d

$C_{m\,a.c.}$

	Re	a.c.	
		x/c	y/c
◯ :	3.0×10^6	0.241	0.035
□ :	6.0	0.241	0.035
◇ :	8.8	0.247	0.004
△ :	6.0	標準粗さ	

C_l

付図 2.2　**NACA** 23012 翼型の性能（出典：Theory of Wing Sections）

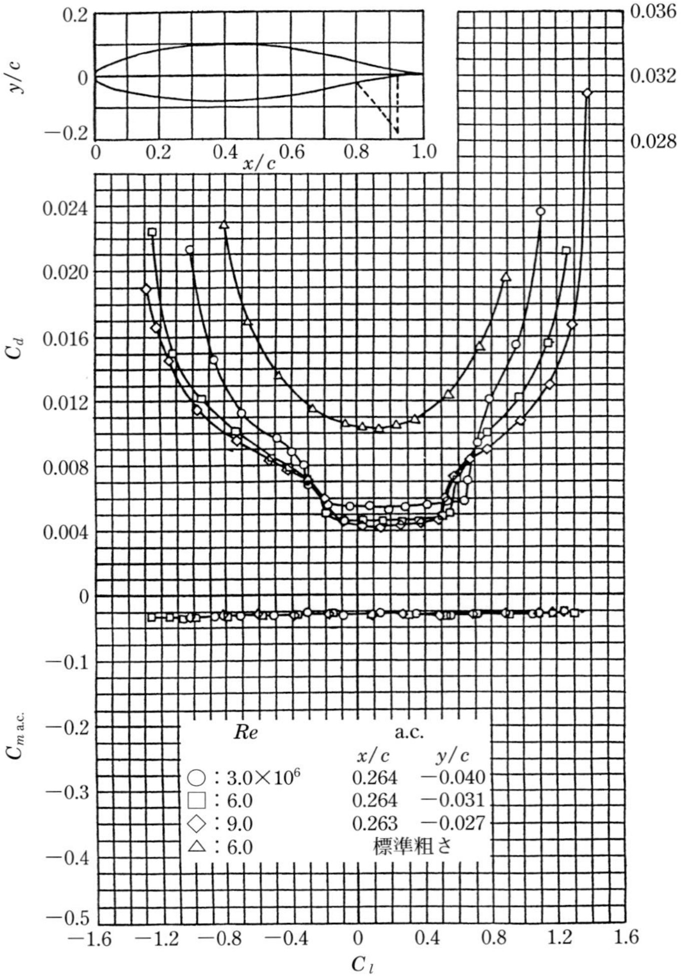

（ 96 ） 付　録

Re	a.c.	
	x/c	y/c
◯ : $3.0×10^6$	0.264	−0.040
□ : 6.0	0.264	−0.031
◇ : 9.0	0.263	−0.027
△ : 6.0	標準粗さ	

付図 2.3　NACA 65_3 - 218 の性能（出典：Theory of Wing Sections）

付録 3 飛行機の翼　(　97　)

　図から明らかなように，層流翼型の特長は設計揚力係数を中心に
C_l のある範囲（この例では $C_l = -0.1 \sim 0.5$）において抗力係数が激
減し，その範囲以外では，通常の翼型と同程度に抗力係数が増大す
ることである．そのため揚抗力極線には段ができるので，この特性
はその形からバケット特性と呼ばれる．

　6 シリーズ翼型が最近の民間輸送機の主翼に広く採用されている
理由は，このバケットによる低抗力特性を利用するためである．一
般に，長距離を飛行する大型の輸送機では，その経済性を向上させ
るためには，巡航飛行時の燃料消費量をできるだけ節減することが
最も望ましい対策である．通常，巡航飛行中の揚力係数は $0.2 \sim 0.4$
の程度と考えられるので，この値は層流翼型のバケット特性の範囲
内にあることは明らかである．

付録 3　飛行機の翼

　固定翼の応用として最も重要なのは，いうまでもなく飛行機の主
翼と尾翼であろう．本文中でも，固定翼の説明に際して飛行機の翼
をしばしば具体的な例として用いたので，ここで参考のために，翼
を中心に飛行機の機構や空力特性などの概略をまとめて述べること
とする．

　後の説明の便宜上，付図 3.1 に最も一般的な形状の機体について
主要な各部の名称を示した．

（1）主　　翼

　飛行中の機体の全重量を支える力は，ほとんどすべて主翼の揚力
に依存する．したがって，その寸法，形状，構造などは種々の飛行
条件を考慮して決定しなければならない．

　最近の民間機の主翼には，先細の後退翼が採用されることが多
い．既述のように，高速性能の向上には大きな後退角が有効である

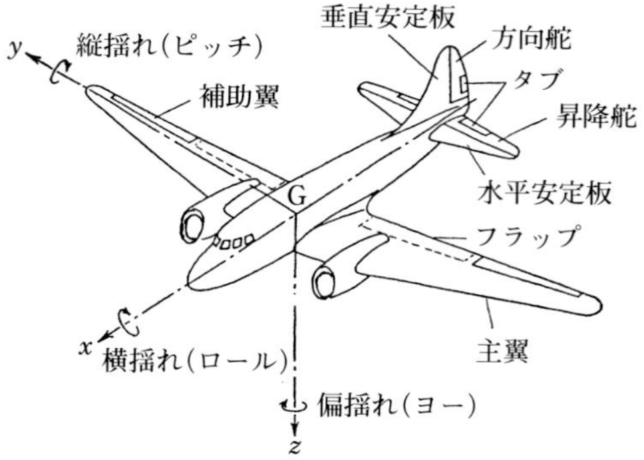

（ 98 ） 付　　録

付図 3.1　飛行機の各部名称

が，飛行機は離陸時や着陸時のように低速飛行の性能も極めて重要であるから，後退角を余り大きくすることは好ましくない．そのため，民間輸送機のような大型機では，主翼の後退角は $20°\sim30°$ が普通である．

　翼の空力性能は，アスペクト比が大きいほど改善されるが，構造強度の面から，特に大型機では限界があり，通常 $6\sim8$ 程度の値が用いられる．テーパー比も，同様に空力特性と構造強度の両面から $0.4\sim0.6$ 程度の値が普通である．

　主翼は，一般に片持ち翼として胴体に固定されるが，その取付け位置は機体全体の安定性と操縦性の条件から決定される．すなわち，主翼の空力中心が機体の重心位置の近傍にあるように取り付けなければならない．

　先細後退翼の空力中心は，その翼の空力平均翼弦 $\bar{c}$ の前縁から $\bar{c}/4$ 後方の点として定義される．参考のために，空力平均翼弦 $\bar{c}$ を作図によって求める方法を付図 3.2 に示した．したがって，図の点 A がこの翼の空力中心である．

　主翼には，通常 付図 3.1 に示すように，補助翼（エルロン）と呼

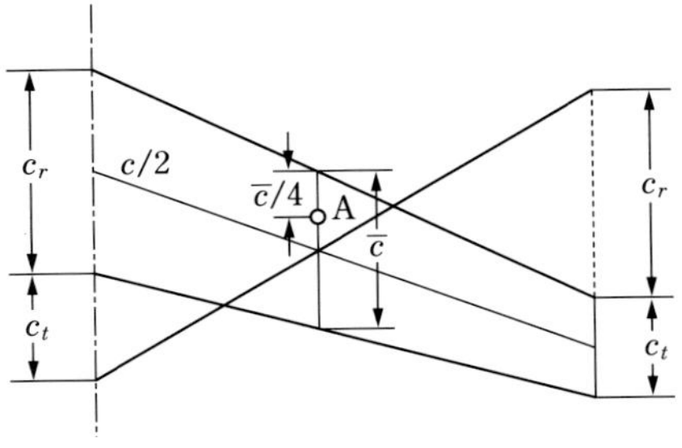

付録 3 飛行機の翼 （ 99 ）

付図 3.2　先細後退翼の空力中心

ばれる操縦用の舵面が取り付けられる．補助翼は左右両翼の翼端付近にあって，付図 3.3 に示すようにパイロットの操作によって左右の補助翼が連動して逆向きに変角される．

　例えば，図のように右の補助翼が下向きに曲げられ，左の補助翼は上向きに曲げられると，右翼の揚力は増大し左翼の揚力は減少するので，この翼には図の x 軸まわりに反時計方向のモーメントが生じる．そのため，機体は x 軸まわりの回転運動，すなわちロール（横揺れ）運動を行なうことになる．

　なお，通常の機体，特に低翼機では，主翼を胴体に取り付ける際

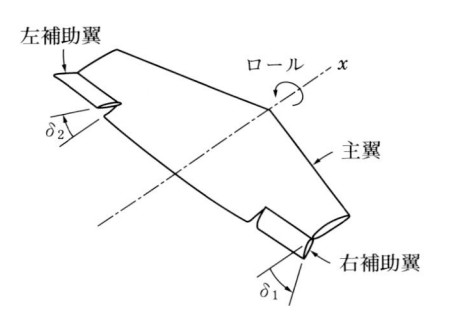

付図 3.3　補助翼の舵角

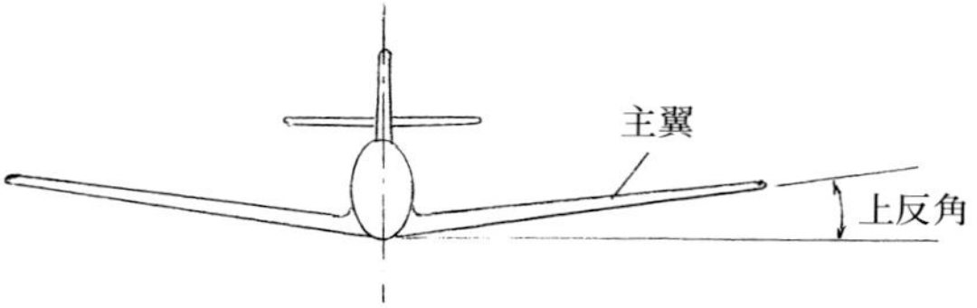

（100）付　録

付図 3.4　主翼の上反角

に付図 3.4 に示すように上反角を付ける．主翼の上反角は，飛行中
機体に外乱力が加わってロールを生じたとき，その機体を元の水平
姿勢に戻す作用，すなわち横揺れの安定性を与える機能をもつ．た
だし，高翼機や後退翼機の場合は，上反角を付けないで主翼を水平
に取り付けるのが普通である．その理由は，主翼の取付け位置が胴
体の上部にあるときや主翼に後退角が付くと，上反角がなくても横
揺れの安定性が生じるからである．

　また，主翼には離着陸の際に必要な高揚力装置としてフラップも
取り付けられる．フラップの取付け位置は，付図 3.1 に示したよう
に，通常，補助翼より内側で胴体の側面までの範囲である．

　最近の民間輸送機には，主翼の両翼端に付図 3.5 に示すような小
翼（ウイングレット）を取り付けたものがよく見られる．既述のよ
うに，三次元翼は翼端渦による誘導抗力を生じるが，ウイングレッ

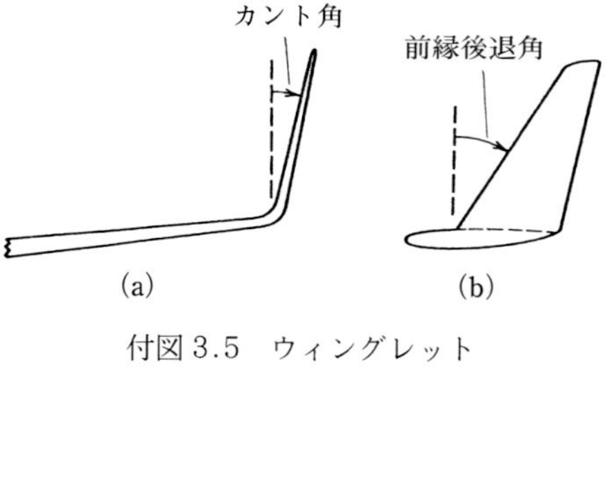

付図 3.5　ウィングレット

付録3 飛行機の翼 (101)

トの揚力を利用するとこの誘導抗力を低減できる効果がある.

　実際の機体の主翼には，このほかにプロペラやジェットエンジンのような推進装置，離着陸用の車輪なども取り付けられる.

　（2）尾　　翼

　尾翼は，水平尾翼と垂直尾翼を別々に設けるのが普通であるが，その目的はいずれも機体を安定に飛行させ，また適当なモーメントを発生することによって上昇，下降，旋回などの運動を行なわせる機能，すなわち操縦用として用いるためである.

　① 水平尾翼

　機体の尾部にほぼ水平に取り付けられ，通常，固定の水平安定板とその後部にヒンジで取り付けられた可動の舵面，すなわち昇降舵（エレベータ）からなる（付図3.6参照）.

　なお，昇降舵の中の小翼（タブ）はパイロットの操舵力を調節するために設けられる.

　水平尾翼は，付図3.7に示すように，機体の重心位置から離れた胴体後部にあるので，機体が突風のような外乱を受けて重心まわりに回転（ピッチ）すると，水平尾翼の揚力が変化して機体をもとの

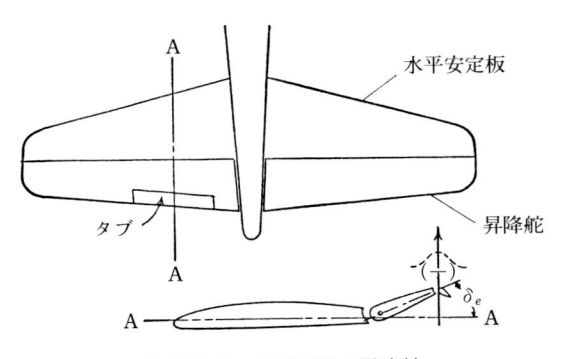

付図 3.6　水平尾翼と昇降舵

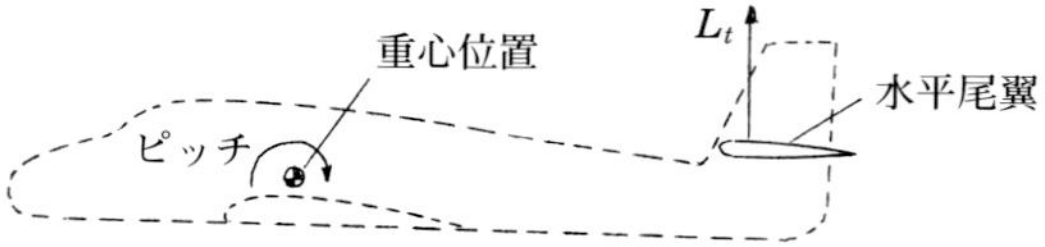

（ 102 ）付　　録

付図 3.7　水平尾翼の安定効果

水平姿勢に戻す働きをする．

　例えば，図のように機体が頭上げの状態なったとすると，水平尾翼は下降して迎角が大きくなるので，揚力は増大する．この揚力が，重心まわりに頭下げのピッチングモーメントを生じて機体の頭上げを減少させる効果を生じることになる．ピッチング運動は縦揺れと呼ばれるので，水平尾翼は機体に縦の安定性を与えるのが主目的である．

　次に，機体が水平飛行しているときに，パイロットが操縦かんを操作して昇降舵を変角したとすると，水平尾翼の揚力が変化するので同様に重心まわりにピッチングモーメントが発生する．このモーメントによって機体が回転すると，主翼の迎角が変化するので，その揚力も変化する．

　例えば，付図 3.8 のように昇降舵を下向きに曲げたとすると，水平尾翼の揚力は舵角 δ_e に比例して増大するので，機体には頭下げのモーメントが作用し，そのため主翼の迎角が減少して揚力も小さくなる．その結果，機体は水平飛行を維持できずに下降飛行に移ることになる．昇降舵を上向きに曲げた場合は，逆に上昇飛行を行なうことができる．このように昇降舵は縦の操縦に用いられる．

　水平尾翼は主翼の後方にあるので，主翼の後流の影響を受けやすい．したがって，その胴体への取付けは，なるべく主翼の後流の中心から外れた位置（高くまたは低く）を選ぶことが望ましい（付図 3.9 参照）．

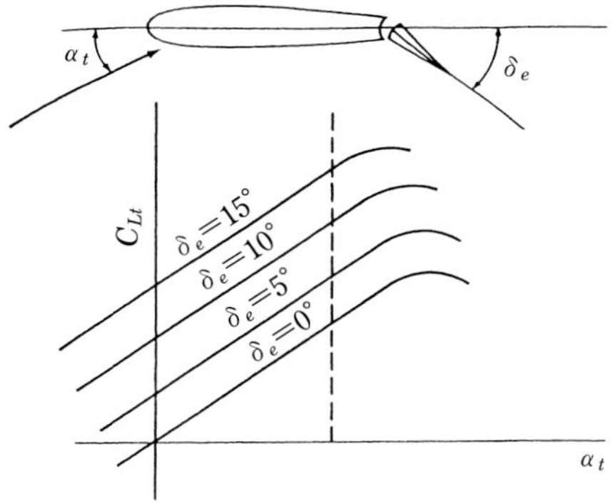

付録 3 飛行機の翼 (103)

付図 3.8　昇降舵の舵角変化による水平尾翼の
揚力の変化

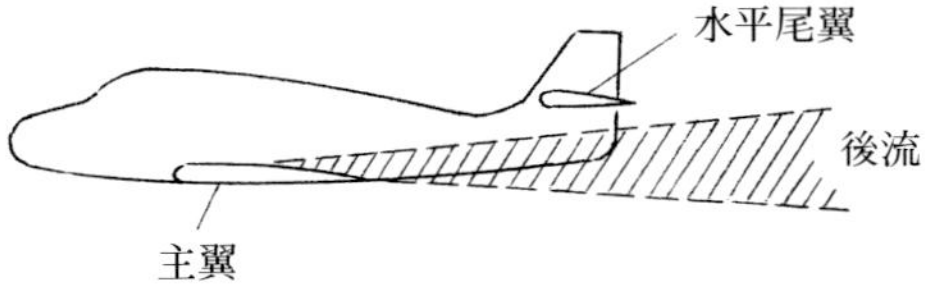

付図 3.9　主翼の後流と水平尾翼の取付け位置

　既述の STOL 機（図 1.43 参照）のように高揚力を発生する機体
では，主翼の後流の範囲が極めて大きいので，水平尾翼を垂直尾翼
の上に取り付けている．この形状の尾翼は T 型尾翼（T テール）と
呼ばれる．

　② 垂直尾翼

　胴体の後方に機体の対称面に平行に取り付けられ，通常固定の垂
直安定板と可動の方向舵（ラダー）の組合せで構成される（付図
3.10 参照）．

　垂直尾翼の主な機能は，機体の飛行方向が斜めになった（横滑り
と呼ばれる）ときにその機体を常に流れの方向に向けることで，こ

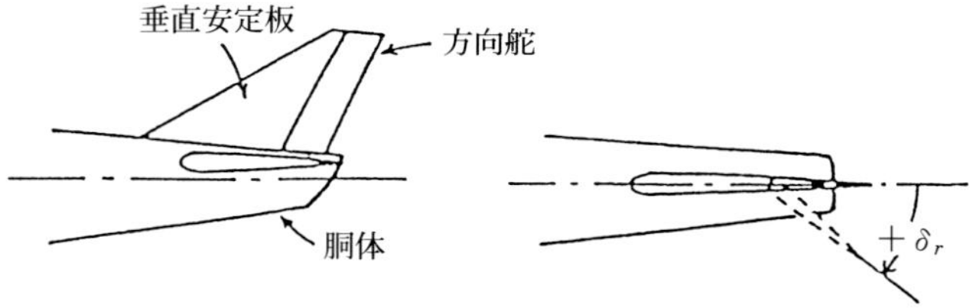

(104)付　録

付図 3.10　垂直尾翼と方向舵

の特性は方向の安定性と呼ばれる（この特性は風向風速計にも応用
されている）.

　一方，方向舵はパイロットの操作によって図のように変角される
と，垂直尾翼の揚力の変化により機首を右または左に回転させる
モーメント（ヨーイングモーメント）を発生する．すなわち，方向
舵は方向の操縦に用いられる.

　方向舵は補助翼と連動して旋回飛行などに使用されるが，特に重
要なのは着陸のための下降飛行（アプローチ）中に横風を受けたと
き，その飛行方向を修正して滑走路上に安全に着陸する機能であ
る．大型の民間輸送機では，安全性の面からこの条件を重視して垂
直尾翼の設計が行なわれている.

付 録 4　風 洞 と 実 験 法

　人工的につくられた一様な気流を測定部に流して，その中に置か
れた物体に働く力やモーメントを測定したり，物体のまわりの流れ
の変化を調べたりするために用いられる装置を風洞（ふうどう）とい
う.

　風洞は，その使用目的，性能，形状，機能などによって種々の分類
がなされるが，ここでは測定部を流れる気流の風速による分類を示
すと，次のように分けられる.

① 低速風洞
② 高亜音速風洞
③ 遷音速風洞
④ 超音速風洞
⑤ 極超音速風洞

このうち、低速風洞は圧縮性を無視できる程度の風速、すなわち通常風速が100 m/s以下で使用されるもので、最も多く製作されている.

高亜音速風洞から極超音速風洞までの各風洞は総称して高速風洞と呼ばれ、いずれもマッハ数が大きく圧縮性の影響が顕著な場合の実験に用いられる. 高速風洞は、一般に建設および運転に多額の費用を要するので、実用されている風洞の数も比較的少数である. また使用目的もやや特殊なので、ここではその説明を割愛して低速風洞を中心に述べることとする.

（1）風洞の構造と機能

低速風洞では、一般に送風機を用いて一定風速の気流をつくり、その測定部に連続的に流すことによって各種の実験に利用する.

まず構造による分類を示すと、気流が閉じた回路内を循環する回流式のものと、気流が循環しないで噴流として流れ去る吹出し式のものとに分けられる. また、測定部が隔壁によって外部と遮断されるか、あるいは隔壁がなくて測定部の気流が外気に開放されるかによって密閉型と開放型に分けられる.

付図4.1は、吹出し式風洞の一般的な構成を示す. 気流は、左端の送風機（ファン）によって駆動されて左から右へ流れ、右端の吹出し口から流出するので、この部分を測定部として用いる. したがって、この場合の測定部は開放型である.

測定部で乱れの少ない一様な高速の気流をつくるため、風路は最

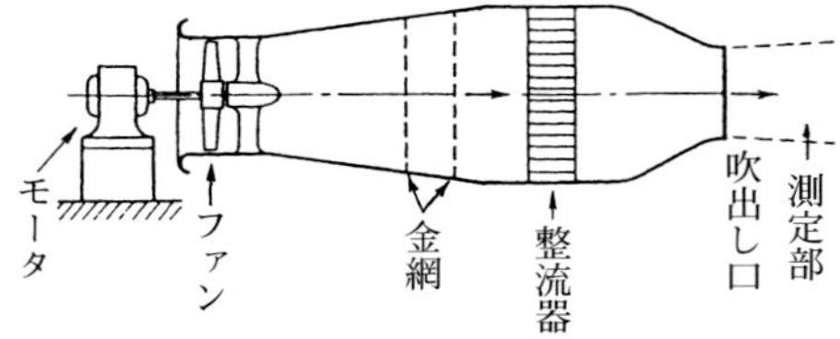

(106) 付　録

付図 4.1　吹出し型風洞

初，徐々に断面積を広げて気流の速度を低下させ，圧力を増大させる．風路のこの部分は拡散筒と呼ばれる．拡散筒内には金網や整流器を取り付けるが，これらは気流の乱れを小さくし，流れの方向を一様にするのに役立つ．風路が最大の断面積に達すると，その先には急激に断面積を縮小させたノズル（縮流筒）を取り付け，これによって流速を増大させる．

　この形式の風洞は構造が簡単で場所をとらず，製作も容易などの利点がある反面，気流をすべて外気中に放出してしまうので，動力の損失が大きく，余り高速が得られないのが欠点である．

　付図 4.2 は，回流式風洞の構成を示したもので，普通，この形式の風洞はゲッチンゲン型と呼ばれる．図のように，風路の曲がり角に案内羽根を設けることによって，気流を滑らかに循環させること

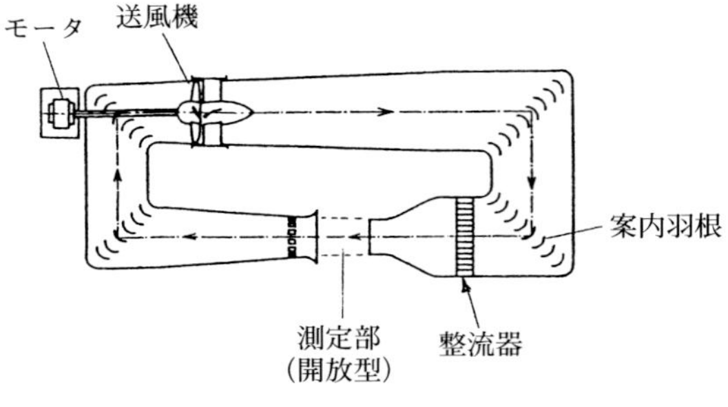

付図 4.2　ゲッチンゲン型風洞（回流式）

付録4 風洞と実験法 (107)

ができる.

　回流式の利点は，気流の運動エネルギーの損失が少ないので，同一の動力であれば吹出し式に比べて高速の気流が得られることである．密閉型の測定部を用いると一層効率がよくなり，高い流速が得られる．したがって，吹出し式風洞と比較して構造が複雑なため，建設費が高くなり，必要なスペースも大きくなるなどの欠点はあるが，低速風洞として最も多く使用されている.

（2）風洞実験法

　風洞の測定部は限られた断面積内を流れる気流を用いるので，例えば飛行機の翼の実験を行なう場合などには実物を縮尺した小さい模型を使用しなければならない．このような模型による実験の結果から実物の性能を推定するためには，低速の実験ではレイノルズ数を一致させることが必要な条件である.

　例えば，翼弦長 $l = 2$ m の飛行機が速度 $V = 100$ m / s（360 km / h）で飛行しているとき，この翼のレイノルズ数を計算してみると，

$$R_e = \frac{V l}{\nu} = 1.42 \times 10^7$$

となる．ただし，動粘性係数 $\nu = 14.21 \times 10^{-6}$ m^2 / s を用いた.

　一方，1/10 模型（$l_M = 0.2$ m）を用いて風洞風速 $V_M = 30$ m / s で実験を行なったとすると，この翼模型のレイノルズ数は

$$R_e = \frac{V_M l_M}{\nu} = 4.22 \times 10^5$$

となり，風洞実験のレイノルズ数は実機の値の約 1/30 にすぎない．すなわち，両方のレイノルズ数を一致させるためには，実物に近い大きな模型を用いるか，または実機の飛行速度よりはるかに高速の風洞気流中で実験することが必要となるが，風洞の測定部の寸法に

（ 108 ）付　録

よる制限やマッハ数の影響などを考慮すると，その実現は到底不可能である．

　レイノルズ数が1桁以上異なると，実験結果に，いわゆる寸法効果が生じ，風洞の実験値を用いて推定した実物の性能に誤差を生じる場合があることに注意が必要である．

　風洞の気流を利用して，翼のような物体の空力特性を調べる実験を行なうために，通常測定部に風洞天秤（ふうどうてんびん）と呼ばれる測定器を設置する．風洞天秤は模型を気流中に固定し，その姿勢を変化したときに生じる空気力，すなわち揚力や抗力などの変化を測定することができる．

　天秤には，吊り線式，ストラット式，スティング式などがあるが，このうち最も古くから使用された吊り線式天秤は，風洞模型を細いピアノ線で吊して固定するのに熟練を要する上に，計測に時間や労力がかかるので最近は余り使用されない．

　ストラット式天秤（付図4.3参照）は，模型の取付けが簡単で計

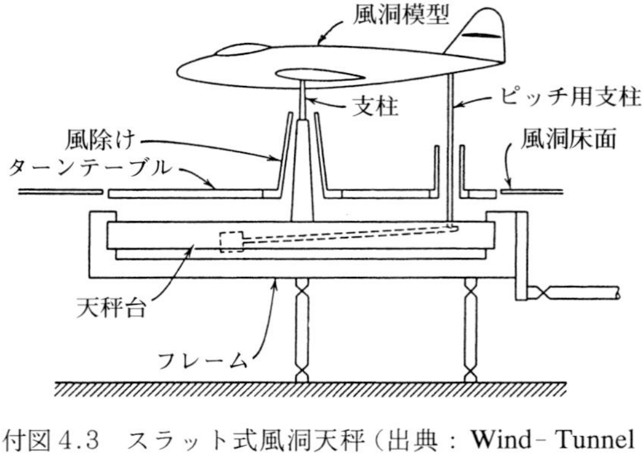

付図4.3　スラット式風洞天秤（出典：Wind‐Tunnel Testing, John Wiley & Sons, Inc.)

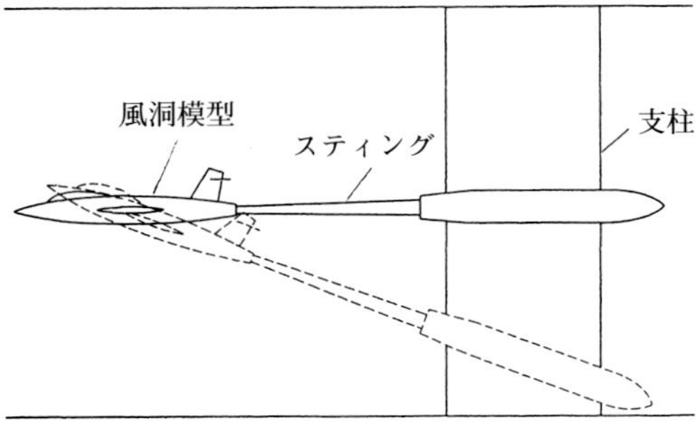

付録 4 風洞と実験法 （ 109 ）

付図 4.4　スティング式風洞天秤（出典：Wind-Tunnel Testing, John Wiley & Sons, Inc.)

測も容易なので，最近の風洞には多く用いられている．なお，スティング式天秤（付図 4.4 参照）は，模型を後方から支持するので気流の乱れなどの影響が小さい利点があるため，主として高速風洞用として使用される．

　上の説明は翼幅の有限な三次元翼のような模型実験の場合であるが，翼型の性能実験の場合には二次元翼の実験法を考えなければならない．この場合には翼端の影響を避けるために，普通，密閉型の測定部を用いて翼模型を両側壁間一杯に取り付けるが，側壁の境界層を考慮して壁面付近の両端の部分を切り離した形状の模型を使用する．揚力や抗力を測定する天秤も側壁に取り付けた形式のものが用いられる．

　一般に，風洞実験では測定部を流れる気流は一定の断面積内に限られるため，模型の大きさや形状に種々の制限を受ける．例えば，測定部の断面積と比較して模型が大きすぎると，気流の流速が変化するなどの不具合を生じる．また，三次元翼の実験では翼端渦が風洞の気流に与える影響が大きいので，通常得られた実験値に適当な

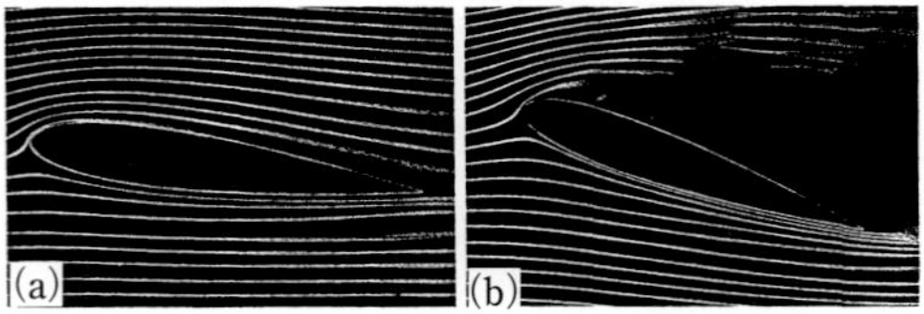

付図4.5　煙風洞による流れの可視化（出典：Foundations of Aerodynamics, John Wiley & Sons, Inc.）

修正を施すことが必要である.

　このような風洞気流に関係する諸問題は一括して風洞干渉効果と呼ばれ, 正しい実験結果を得るためには, これらの干渉効果を充分考慮しなければならない.

　なお風洞の測定部には, 煙などを流して風洞模型のまわりの流線や流れのはく離の様子などを観察できるように工夫されている場合もある. この方法は流れの可視化と呼ばれる（付図4.5参照）.

索　引

ア 行

アスペクト比 …………………… 6
アッケレーの理論 ……………… 55
圧縮性 ……………………… 44,91
圧縮波 …………………………… 53
厚み比 …………………………… 2
圧力中心 ………………… 18,55
ウイングレット ………………100
薄翼理論 ………………………… 14
渦 ……………………………… 21
渦揚力 …………………………… 62
NACA …………………………… 92
NACA 翼型 ……………………… 3
NACA 層流翼型 ………………… 94
円形翼列 ………………… 81,84
円柱 ……………………………… 7
円柱の抗力係数 ………………… 37
オージー翼 ……………………… 4

カ 行

回転円柱 ………………………… 8
回流式風洞 ……………………106
回転翼 …………………………… 72
回転翼の運動量理論 …………… 73
可変ピッチ ……………………… 80
カルマン渦列 …………………… 9
岐点 ……………………………… 7
キャビテーション ……………… 85
境界層板 ………………………… 39

境界層 …………………………… 29
極線図 …………………………… 21
空力弾性 ………………………… 63
空力中心 ………………… 18,98
空力平均翼弦 …………………… 98
矩形翼 …………………………… 4
クッタ-ジューコフスキーの法則 ………………………………… 25
クッタの条件 …………………… 10
形状抗力 ………………… 26,36
ゲッチンゲン型風洞 …………106
高亜音速流 ……………………… 44
後縁 ……………………………… 2
後退角 …………………… 6,49
後退翼 …………………………… 4
高揚力装置 ……………………… 41
後流 ……………………………… 30
抗力 ……………………………… 17
抗力係数 ………………………… 17
コンコルド ……………………… 4
5 字番号翼型 …………………… 92

サ 行

失速 ……………………… 17,34
失速角 …………………………… 18
写像関数 ………………………… 14
主翼 ……………………………… 97
主流 ……………………………… 29
衝撃波 …………………………… 47

（ 112 ）索　引

昇降舵·····························43,101
ジューコフスキー翼型 ··········13
ジューコフスキー変換 ··········14
循環·································24
循環のだ円分布 ················25
上反角·························6,100
スーパーキャビテーション ·····87
スーパークリティカル翼型·····48
吸込み翼 ··························40
垂直尾翼 ·························103
水平尾翼 ·························101
推力·································79
STOL 機 ··························40
ストレーク ·······················62
成層圏·····························89
遷移·································34
遷音速流 ··························48
せん断応力 ························89
前縁·································2
前進率·····························80
層流·································31
層流境界層 ························31
層流翼型 ··························35
ソニックブーム ···················57
反り·································2
反り線·····························2
造波抗力 ··························54
造波失速 ··························47

タ 行

対称翼·····························2
対流圏·····························89
タブ································101

ダイバージェンス ················63
舵面フラッタ ·····················70
ダランベールの背理 ··············7
弾性軸·····························64
超音速流 ··························51
直線翼列 ··························82
テーパー比 ························6
テーパー翼 ························4
低速風洞 ·························105
デルタ翼 ·························4,61
等角写像 ··························12
トルク·····························77
動粘性係数 ····················32,90

ナ 行

流れの可視化 ·····················110
斜め衝撃波 ·······················57
二次元翼 ··························3
ねじり下げ ························39
粘性·····························29,89
粘性係数 ·······················30,90

ハ 行

はく離·····························18
はく離点 ·························9,34
バケット特性 ···················21,97
非定常空気力 ·····················70
微小じょう乱理論 ················44
尾翼·······························101
尾翼フラッタ ·····················70
ピッチングモーメント ············18
ピッチングモーメント係数······18
風車·····························75,78

索　引（ 113 ）

風洞······························104
風洞天秤···························108
吹出し式風洞······················105
吹出し翼·························· 40
フラッタ·························· 67
フラップ·························· 41
ブラジウスの解··················· 32
ブレード·························· 73
プラントル‐グロワートの法則 45
プロペラ·························· 73
偏角······························ 53
ベルヌーイの定理················· 8
方向舵·······················43,103
放物線極線特性··················· 27
補助翼·······················43,98
膨張波···························· 53
ポテンシャル流··················· 11

マ 行

マグナス効果····················· 9
曲げ‐ねじりフラッタ··········· 68
摩擦抗力·························· 29
摩擦抗力係数····················· 32
マッハ角·························· 52
マッハ数······················44,91
マッハ波·························· 52
密度·························15,88
迎角······························ 11

ヤ 行

有効迎角·························· 23

誘導抗力·························· 23
誘導速度·························· 22
揚力······························ 15
揚力傾斜·······················16,28
揚力係数·························· 15
翼厚······························ 2
翼型······························ 2
翼型の性能曲線··················· 19
翼弦線···························· 2
翼弦長···························· 2
翼角······························ 76
翼素······························ 76
翼素理論·························· 76
翼端失速·························· 39
翼幅······························ 4
翼面積···························· 6
翼列·························73,81
翼列の干渉効果··················· 82
4字番号翼型····················· 92

ラ 行

乱流······························ 34
乱流境界層······················· 34
理想流体·························· 1
離脱衝撃波······················· 59
臨界マッハ数····················· 48
レイノルズ数····················· 32
ローリングモーメント··········· 39
6シリーズ翼型··················· 94

おわりに

翼の理論は流体力学の重要な一分野であるが，一般に，流体力学では主として流体の運動，すなわち流動現象を取り扱うのに対して，翼理論では主に翼に作用する揚力や抗力のような流体による力が重要なので，流体力学の主要な研究対象からはやや異質の問題として取り扱われているのが実情である．そのため，翼の特性を理解したいと考えている初学者にとって，従来の流体力学の教科書はやや不便で，記述の内容も不十分なものが多いように思われる．

筆者は，多年大学で翼理論の講義を担当してきたが，特にこの点から翼理論とその応用を主とした参考書の必要性を痛感してきた．

本書の目的は，したがって翼という特異な形の物体に興味をもち，その特性を理解して色々な問題に応用したい読者に対して，基礎的な理論をまとめてできるだけ平易に記述した小冊子を提供することである．

この趣旨で本書の内容の検討を始めたが，初学者にとっては理論計算の過程などよりもその物理的な意味を理解することの方がより重要であることに気づいたので，本書ではできるだけ数式を使わずに現象を説明することに努めた．

しかし実際に記述してみると，この試みには色々難点のあることもわかってきた．例えば，数式で示せば簡単で明瞭な結果でも，言葉で説明しようとすると，極めて冗長な表現を用いなければならない場合が多い．また，使用される用語には厳密に定義された物理的意味をもつものが多いが，その説明が不十分なまま用いた箇所が少なくないことなどもその欠点と思われる．

その反面，数式を離れて翼のまわりの流れを調べてみると，種々

（ 116 ）おわりに

の現象を従来より詳細に検討し説明することができるので，読者の
理解を深めるのに役立つ利点があるように思われる．

　この小冊子で行なった試みの成否は，すべて翼に興味をもつ読者
の読後の感想によって決まるので，忌憚のないご意見を期待した
い．

―著者略歴―

前 田　弘（まえだひろし）

京都府出身（1923年生）
1947年　京都大学 工学部 応用物理学科 卒業
1957年　京都大学 工学部 助教授（航空工学科）
1961年　京都大学 工学博士
1966年　京都大学 工学部 教授
1987年　京都大学 定年退職（名誉教授）
1987年　関西大学 工学部 教授

著書：「飛行力学」（養賢堂）

Ⓡ 〈日本複写権センター委託出版物・特別扱い〉

2000　　　2000 年 5 月 15 日　第 1 版発行

┌─翼のはなし─┐
│　　　　　　　│
│ 著者との申　│　　　著 作 者　　前　田　　　弘
│ し合せによ　│
│ り検印省略　│
└─────────┘
　　　　　　　　　　　発 行 者　　株式会社　養 賢 堂
Ⓒ著作権所有　　　　　　　　　　代 表 者　及 川　清

本体 1600 円　　　　印 刷 者　　株式会社　真 興 社
　　　　　　　　　　　　　　　　　　責 任 者　福田真太郎

　　　　　　　〒113-0033 東京都文京区本郷 5 丁目30番15号
発 行 所　株式　**養 賢 堂**　TEL 東京(03)3814-0911│振替00120
　　　　　　会社　　　　　　　 FAX 東京(03)3812-2615│7-25700
　　　　　　　　　ISBN4-8425-0056-5 C3053

PRINTED IN JAPAN　　　　　製本所　板倉製本印刷株式会社
本書の無断複写は、著作権法上での例外を除き、禁じられていま
す。本書は、日本複写権センターへの特別委託出版物です。本書
を複写される場合は、そのつど日本複写権センター(03-3401-2382)
を通して当社の許諾を得てください。